土力学与地基基础

（第2版）

傅裕寿◎编著

清华大学出版社

北京

内 容 简 介

本书是21世纪职业院校土木建筑工程专业系列教材之一。主要内容包括三部分：第一部分为1～4章，是理论基础，主要内容包括地基土的物理性质、地基中土的应力、变形及土的抗剪强度特性；第二部分是工程应用，即第5～9章，包括地质勘察、土坡稳定、挡土墙、天然地基上浅基础、桩基础、软弱地基的设计和计算；第三部分，即第10、11章，是课程实训及应对求职面试所应具备的基本知识和专业素质的要求。

本书内容简明、重点突出、实用性强，可作为职业学校、专科学校、成人教育学校等土建类专业的专业基础课教材，同时可供土建类专业勘察、设计和施工技术人员参考使用。

图书在版编目(CIP)数据

土力学与地基基础/傅裕寿编著. —2版. —北京：清华大学出版社，2018(2023.2重印)
ISBN 978-7-302-49200-9

Ⅰ. ①土… Ⅱ. ①傅… Ⅲ. ①土力学－高等职业教育－教材 ②地基－基础(工程)－高等职业教育－教材 Ⅳ. ①TU4

中国版本图书馆 CIP 数据核字(2017)第 327979 号

责任编辑：秦 娜 赵从棉
封面设计：陈国熙
责任校对：赵丽敏
责任印制：朱雨萌

出版发行：清华大学出版社
　　　　网　　　址：http://www.tup.com.cn, http://www.wqbook.com
　　　　地　　　址：北京清华大学学研大厦 A 座　　　　邮　　编：100084
　　　　社 总 机：010-83470000　　　　　　　　　　邮　　购：010-62786544
　　　　投稿与读者服务：010-62776969, c-service@tup.tsinghua.edu.cn
　　　　质量反馈：010-62772015, zhiliang@tup.tsinghua.edu.cn
印 装 者：北京建宏印刷有限公司
经　　销：全国新华书店
开　　本：185mm×260mm　　印　张：10.75　　　　字　　数：259 千字
版　　次：2012 年 7 月第 1 版　2018 年 1 月第 2 版　　印　　次：2023 年 2 月第 3 次印刷
印　　数：2701～2900
定　　价：30.00 元

产品编号：077732-01

第2版前言

本书根据职业院校土木工程专业的培养目标和教学大纲编写。职业院校土木工程专业的培养目标是生产第一线的技术人才,通常称为"施工技术员"。这样的岗位具有易就业、动手和实践能力强及适应能力强等特点,在实际生产建设中很容易有成就感和实体落成的荣誉感。在地基基础的工程中,由于客观环境的多样性、复杂性,要求施工技术人员不断地在实践中学习,向第一线的施工工人学习,积累丰富的处理施工现场、处理应急事件的知识。同时,也要不断吸收新的理论知识指导自己的实践。

本书在第1版基础上作了以下修订:

增加了1.6节泥石流灾害,3.4节城市地面下沉,6.5节山体滑坡及挡土墙、房屋坍塌灾害,10.5节高等自学考试模拟试卷;并补充了部分章的习题,文后给出了习题答案;对文中不准确之处作了修改。

希望本次再版能更好地满足读者需求。

编　者

2017 年 10 月

第1版前言

　　本书根据职业院校土木工程专业的培养目标和教学大纲编写。职业院校土木工程专业的培养目标是生产第一线的技术人才，通常称为"施工技术员"。这样的岗位具有易就业、动手和实践能力强及适应能力强等特点，在实际生产建设中很容易有成就感和实体落成的荣誉感。在地基基础的工程中，由于客观环境的多样性、复杂性，要求施工技术人员不断地在实践中学习，向第一线的施工工人学习，积累丰富的处理施工现场、处理应急事件的知识。同时，也要不断吸收新的理论知识指导自己的实践。

　　本书介绍土力学的理论基础，即地基土的物理性质、地基中土的应力、变形及土的抗剪强度特性；还对工程应用的内容进行了介绍，包括地基勘察、土坡稳定、挡土墙、天然地基上浅基础、桩基础、软弱地基的设计和计算。职业院校学生毕业后求职时的一个重要环节是面试，为此我们增加了课程实训和求职面试典型问题的学习，加深学生对本门课程的理解和消化，提高动手能力，以较好地应对求职时的面试。

　　当前，我们有大批的设计人才，但相对而言，脚踏实地、安心第一线的实际施工技术人员较欠缺。希望本教材能对职业院校土木工程专业技术人员的培养有所帮助。由于时间仓促，作者能力所限，在编著本教材时可能会有许多不足和需要改进之处，敬请读者和各方面专家学者批评指正。

编　者

2012 年 3 月

目 录

绪　论

俗话说,万丈高楼平地起。地球上任何建筑物(构筑物),不论是摩天大楼、三峡大坝,还是发射宇宙飞船的装置,都建在地层之上,必须与土发生关系。

土是什么? 土是岩石风化的产物,是一种由固态、液态和气态三相物质组成的松散矿物颗粒的集合体。土力学则是研究这种松散颗粒集合体受力和变形规律的科学。它是力学的一个分支,是以土为研究对象的学科。土力学的主要任务有如下三个方面:

(1) 孔隙度规律的研究,它有别于固体力学,这其中有压密规律、渗透规律、摩擦规律。

(2) 土在外力作用及本身重力作用下的应力及变形的研究,包括土中应力分布的理论、计算变形理论和实用的方法。

(3) 确定土的强度和稳定性、土对挡土墙的压力问题的研究等。

什么是地基? 什么是基础? 地球表面30～80km厚的范围是地壳,也可以称地层,建筑物的全部荷载均由这部分地层承担。承担建筑物传来的荷载的那部分土体就称为地基。建筑物在地面以下部分并将建筑物承受着的上部各种荷载传递至地基的结构物称为基础。基础又可分为浅基础和深基础。一般浅基础埋置深度不大于5m。基础底面至地表面的距离,称为基础的埋置深度(图0-1)。对于开挖基坑后可以直接修筑基础的地基,称为天然地基。如果不能满足要求而需事先进行人工加固处理的地基称为人工地基。

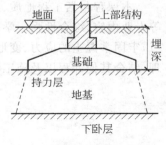

图 0-1　地基基础示意图

基础工程施工工期长、难度大,它的造价在建筑中所占的比例很大,有的工程高达30%。所以,地基及基础在建筑工程中的重要性是显而易见的。因此要求地基基础必须满足强度和变形不超过允许值的条件,否则将会发生严重事故。

例0-1　香港宝城大厦冲毁事故。该建筑建在香港的山坡上,由于建造时对地基设计的疏忽,在1972年夏季暴雨中,引起山坡残积土软化而滑动,7月18日上午7点,高层建筑宝城大厦被冲毁,造成120人死亡,此事故震惊中外。

例0-2　巴西一座11层大楼于1958年建成,它支撑在99根21m长的钢筋混凝土桩上,但由于桩长不合标准,未能打入较好的持力土层,地基承载力不足,建成后即倒塌。

重点提示:

受建筑影响的那一部分地层称为地基。

在建筑物地面以下部分并将建筑物的上部荷载传递至地基的结构物称为基础。

基础底面至地表面的距离称为基础的埋置深度。

地基可分为天然地基和人工地基。

例 0-3　加拿大一谷仓，建造在一可塑至流塑黏土层上，由于设计时没有考虑在地基持力层下部有一软弱土层，在 1941 年建成后第一次装料时，就因软弱下卧层受力失稳而发生整体倾倒。

例 0-4　当年伽利略做实验的意大利比萨斜塔，始建于 1173 年，中途曾因塔身南倾而停工，到 1350 年竣工。此后不断南倾，至今南侧下沉近 3m，北侧下沉 1m 多，塔顶偏离中心线 4.4m，倾斜角达 5.5°。研究发现，斜塔下方地基土软弱，很难承受高 55m 塔的重力长期荷载。为拯救这一闻名世界的文化古塔，意大利政府正在组织对斜塔进行地基加固处理措施。

例 0-5　2009 年 6 月 27 日，上海闵行区莲花南路，在建的莲花河畔景苑楼盘中，一幢 13 层居民楼从根部断开，直挺挺地整体倾覆在地。施工方在大楼一侧无防护性地开挖地下车库，又在另一侧堆 9m 的土堆。大楼地基土体在合力的作用下整体平移，如剪刀一般剪断了楼房的基桩，楼直直地倒在了地上，楼身却几近完好。

例 0-6　2010 年 8 月 15 日，广东省肇庆封开县江口镇发生滑坡灾害，导致七栋居民楼陆续倒塌落入贺江中。

例 0-7　甘肃泥石流灾难。2010 年 8 月 10 日，甘南舟曲县由于水土流失严重，导致特大泥石流，死亡 1257 人，失踪 495 人。受灾人员 2 万多人，被毁房屋 307 栋。

例 0-8　2009 年 11 月，杭州地铁塌陷，死亡 21 人。由于江南地质条件比较差，地铁又是开放式施工，遇到暴雨，设计的是防水墙而非挡土墙，造成地铁塌陷。王梦恕院士指出，挡土墙的厚度应为 1.5～2m，同时还须每隔 3～4m 打一桩，先做桩，桩上再做挡土墙，而且连续墙后面要有水平的腰梁，连续墙 6m 一个接头，每隔 3m 要有横撑。正是对这些设计要求的疏忽，直接导致了这场大的坍塌事故的发生。

本课程包括工程地质、工程勘察、土力学、地基基础及钢筋混凝土、砖石结构和建筑施工等专业内容，综合性强。学习时应重视工程地质的基本知识，必须认识土的基本属性和特点，牢固掌握土的应力、变形、强度的相互关系及土力学基本原理，从而能够应用这些基本原理，结合其他课程以及施工知识、经验，分析和解决地基基础的问题。

第1章

土的物理性质

1.1 土的组成

1.1.1 土的三相组成

土是由岩石风化生成的松散沉积物。一般而言,土是由固体颗粒、液态水和孔隙中的气体三部分组成的,这三部分称为土的三相体系。

> **重点提示:**
> 　　土的三相组成是:固体颗粒、液体、气体。

1.1.2 土的固体颗粒

土的固体颗粒构成土的骨架,一般将土分为砂土和黏性土两大类。

1. 土的颗粒级配

在研究土的工程性质时,将土中不同粒径的土粒,按某一粒径范围,分成若干粒组,同一组的土,有较接近的物理力学性质。根据粒径大小可把土粒分为六大组,如表 1-1 所示。

表 1-1　土的粒径分组

序号	粒组名称	粒径范围/mm	主要特性
1	漂石或块石	>200	无黏性,无毛细水
2	卵石或碎石	200~20	无黏性,无毛细水
3	圆砾或角砾	20~2	无黏性,弱毛细现象
4	砂粒	2~0.075	易透水,无黏性
5	粉粒	0.075~0.005	稍黏性,毛细现象重
6	黏粒	<0.005	透水性小,毛细水上升高度大

土中土粒组成,通常以土中各个粒组的相对含量(各粒组占土粒总质量的百分含量)来表示,称为土的粒径级配。

对于粒径小于或等于 60mm、大于 0.075mm 的土可用筛分法,而对于粒径小于 0.075mm 的土可用密度计法或移液管法分析。

筛分法是用一套孔径不同的标准筛,筛孔直径分别为 20mm,10mm,2mm,0.5mm,

0.25mm,0.075mm,从大到小,依次成套。将土进行筛分,称出留在各个筛子上的颗粒质量,可得相应的各粒组的相对含量。其实验结果可用表1-2和对数颗粒级配曲线表示,如图1-1所示。

表1-2 颗粒筛分结果

筛孔直径/mm	20	10	2	0.5	0.25	0.075	<0.075	总计
留筛土重/g	100	10	50	390	270	110	70	1 000
占全部土重的百分比/%	10	11	16	55	82	93	100	—
小于某筛孔径的土重百分比/%	90	89	84	45	18	7	—	—

注:取风干土1 000g做试验。

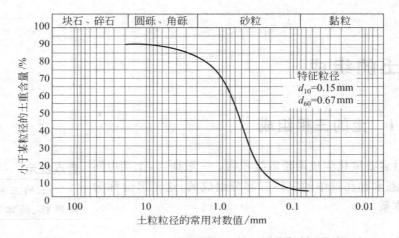

图1-1 粒径级配曲线示意图

工程上常用不均匀系数 C_u 表示颗粒粒径级配不均匀程度:

$$C_u = \frac{d_{60}}{d_{10}} \tag{1-1}$$

式中 d_{60}——小于某粒径的土粒重百分比为60%的相应粒径,称限定粒径;

d_{10}——小于某粒径的土粒重百分比为10%的相应粒径,称有效粒径。

图1-1表示粒径级配曲线。纵坐标表示小于某粒径土重的含量(以质量的百分比表示),横坐标表示粒径并以对数的形式表示,以便对粒径相差悬殊的颗粒含量表达得更清楚。图中 $d_{60}=0.67$mm,$d_{10}=0.15$mm,故

$$C_u = \frac{d_{60}}{d_{10}} = \frac{0.67}{0.15} = 4.5$$

通常认为 $C_u<5$ 为级配均匀;$C_u>10$ 为级配良好。级配均匀的土不易夯实。

2. 土颗粒的矿物成分

(1)原生矿物。砂粒大部分是原生矿物,如石英、长石、云母等。

(2)次生矿物。黏土几乎都是次生矿物,如蒙脱石、伊利石、高岭土等。

1.1.3 土中的水

土中的水分为固态、气态和液态三种状态。

固态是冻土,结冻时强度高,而解冻时强度迅速降低。

气态是水蒸气,对土的工程性质影响不大。

液态水分为三种,即化学结合水、表面结合水、自由水。

（1）化学结合水。是存在于颗粒晶格结构内的水,属于矿物颗粒的一部分。

（2）表面结合水。它是因受到电性吸引力而吸附于土粒表面的水。越靠近土粒表面,静电引力越强,将水极其牢固地结合在土粒表面上,具有极大的黏滞性,通常称为强结合水（强结合水没有溶解能力,不能传递静水压力,只有温度在 105℃时才蒸发）;而存在于强结合水外围的一层结合水,称为弱结合水,它仍没有传递静水压力的性能。当黏土含有较多的弱结合水时,土具有一定的可塑性。砂土通常被认为不含弱结合水。

（3）自由水。是存在于土粒表面电场范围以外的水,它可分为重力水和毛细水。重力水存在于地下水位以下的土骨架孔隙中,受重力作用而移动,传递水压力并产生浮力。毛细水则存在于地下水位以上的孔隙中,土粒之间形成环状弯液面,如图 1-2 所示,弯液面与土粒接触处的表面张力反作用于土粒,成为毛细压力,这种力使土粒挤紧,因而具有微弱的黏聚力,或称为毛细黏聚力。在工程中,毛细水的上升对于地下建筑的防潮及冻胀有重要影响。

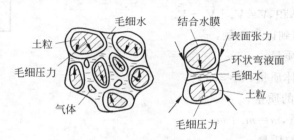

图 1-2　土粒间毛细水及毛细压力

1.1.4　土的结构

土的结构主要是指土体中土粒的排列和联结形式,它主要分为单粒结构、蜂窝结构和絮状结构（图 1-3）三种基本类型。

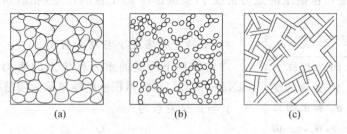

图 1-3　土的结构

(a) 单粒结构; (b) 蜂窝结构; (c) 絮状结构

单粒结构是由砂粒等较粗的土粒组成,其排列有疏松状态及密实状态之分,密实状态时强度较高。

蜂窝结构的土是由粉粒串联而成，而絮状结构的土主要由黏粒集合体串联而成。这两种结构中都存在着大量的孔隙，结构不稳定，当其天然结构被破坏后，土的压缩性增大，强度降低，故在施工时须注意结构的扰动情况。

1.2　土的物理指标

1.2.1　土的三相简图

土的三相简图如图1-4所示。图1-4中的符号含义如下：

V_s——土的体积；

V_a——土中气体体积；

V_w——土中水体积；

V_v——土中孔隙体积，$V_v = V_a + V_w$；

V——土的总体积，$V = V_s + V_a + V_w$。

此外，本书后面将用到以下变量：

m_s——土粒的质量；

m_a——土中气体质量（$m_a \approx 0$）；

m_w——土中水的质量；

m——土的质量，$m = m_s + m_w$；

G_s——土的颗粒质量；

G_w——土中水的质量；

G——土的总质量。

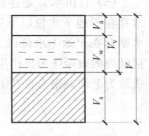

图1-4　土的三相简图

1.2.2　土的基本物理指标及其公式

基本物理指标包括土的重力密度 γ，质量密度 ρ，土粒的比重（相对密度）d_s 和土的天然含水率 w。

重点提示：

　　土的基本物理指标有土的重力密度 γ、质量密度 ρ、土粒的比重 d_s 和土的天然含水率 w。γ，d_s，w 由室内土工试验确定。

1. 土的重力密度 γ 与质量密度 ρ

单位体积土所受的重力称为土的重力密度或称重度，用 $\gamma(\text{kN/m}^3)$ 表示，单位体积土的质量称为质量密度，用 ρ 表示。

γ 与 ρ 的关系为

$$\gamma = \frac{G}{V} = \frac{m}{V}g = \rho g \tag{1-2}$$

式中　g——重力加速度。

通常试验时,质量单位可以用克(g)表示,体积以立方厘米(cm³)为单位。但在实际应用中,质量密度单位常用吨每立方米表示,即 $1g/cm^3 = 1t/m^3$。一般而言,砂土质量密度为 $1.6 \sim 2.0t/m^3$;黏性土和粉土质量密度为 $1.8 \sim 2.0t/m^3$。

2. 土粒比重 d_s

土粒质量与同体积的 4℃时纯水的质量的比值,称为土粒比重,用 d_s 表示,即

$$d_s = \frac{m_s}{m_w} = \frac{m_s}{V_s \rho_w} \tag{1-3}$$

式中 ρ_w——4℃纯水的密度。

3. 土的天然含水率 w

土中水的质量与土粒质量之比(用百分数表示)称为土的含水率,以 w 表示,即

$$w = \frac{m_w}{m_s} \times 100\% = \frac{G_w}{G_s} \times 100\% \tag{1-4}$$

上述三个基本物理指标 γ, G_s, w 由室内土工试验测定。

1.2.3　土的其他物理指标

1. 饱和土的重度 γ_{sat}

土中孔隙完全被水充满时,单位体积的土所受的重力称为饱和土重度,记为 $\gamma_{sat}(kN/m^3)$,即

$$\gamma_{sat} = \frac{G_s + V_v \gamma_w}{V} \tag{1-5}$$

式中 γ_w——水的重度。

土的饱和重度一般为 $18 \sim 23kN/m^3$。

2. 土的干重度 γ_d

土中无水时,单位体积的土所受的重力称为土的干重度 $\gamma_d(kN/m^3)$,即

$$\gamma_d = \frac{G_s}{V} \tag{1-6}$$

3. 土的有效重度(浮重度)γ'

地下水位以下的土,受到水的浮力作用,扣除水浮力后单位体积土所受的重力称为有效重度,用 $\gamma'(kN/m^3)$ 表示,即

$$\gamma' = \frac{G_s - \gamma_w V_s}{V} \tag{1-7}$$

> **重点提示:**
> 土的其他物理指标也称为换算指标,有饱和土重度 γ_{sat}、土的干重度 γ_d、土的有效重度 γ'、土的孔隙比 e、土的孔隙率 n 以及土的饱和度 S_r。

4. 土的孔隙比 e

土中孔隙体积与土粒体积之比称孔隙比,用 e 表示,即

$$e = \frac{V_v}{V_s} \tag{1-8}$$

一般而言,当 $e < 0.6$ 时,土密实,压缩性小;当 $e > 1.0$ 时,土疏松,压缩性大。

5. 土的孔隙率 n

土中孔隙体积与土的总体积之比称为土的孔隙率，以百分数 n 表示，即

$$n = \frac{V_v}{V} \times 100\%$$

(1-9)

6. 土的饱和度 S_r

土中水的体积和孔隙总体积之比称为饱和度，记为 S_r，用百分数表示为

$$S_r = \frac{V_w}{V_v} \times 100\%$$

(1-10)

$S_r < 50\%$ 表示土稍湿；$50\% \leqslant S_r \leqslant 80\%$ 表示土很湿；$S_r > 80\%$ 时认为土处于饱和态。

1.2.4　各种指标间的关系

指标 γ_{sat}，γ_d，γ'，e，n，S_r 均可由基本指标求得。为方便计算，先将土的三相图（图 1-5）中的各符号进行变换。假设土粒体积 $V_s = 1$，其他符号表示如下：

$V_v = e$，　$V = 1+e$，　$G = G_s + G_w$，　$V_w = G_w / \gamma_w$

为便于查找公式，表 1-3 列出了各种可能的换算公式。在公式中，$\gamma_w = 10 \mathrm{kN/m^3}$，重力加速度的数值 $g = 9.80665 \mathrm{m/s^2} \approx 10 \mathrm{m/s^2}$。

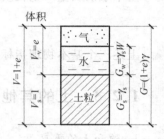

图 1-5　土的三相物理
指标换算图

表 1-3　土的三相物理指标换算公式

编号	物理指标	符号	表达公式	换算公式	单位
1	比重	d_s	$d_s = \dfrac{m_s}{V_s \rho_w}$	$d_s = \dfrac{S_r e}{w}$	
2	密度	ρ	$\rho = \dfrac{m}{V}$		$\mathrm{t/m^3}$
3	重度	γ	$\gamma = \rho g$ $\gamma = \dfrac{G}{V}$	$\gamma = \gamma_d (1+w)$ $\gamma = \dfrac{\gamma_w (d_s + S_r e)}{1+e}$	$\mathrm{kN/m^3}$
4	含水率	w	$w = \dfrac{m_w}{m_s} \times 100\%$	$w = \dfrac{S_r e}{d_s}$ $w = r/r_d - 1$	
5	干密度	ρ_d	$\rho_d = \dfrac{m_s}{V}$	$\rho_d = \dfrac{\rho}{1+w}$ $\rho_d = \dfrac{d_s}{1+e} \rho_w$	$\mathrm{t/m^3}$
6	干重度	γ_d	$\gamma_d = \rho_d g$ $\gamma_d = \dfrac{G_s}{V}$	$\gamma_d = \dfrac{\gamma}{1+w}$ $\gamma_d = \dfrac{\gamma_w d_s}{1+e}$	$\mathrm{kN/m^3}$
7	饱和重度	γ_{sat}	$\gamma_{sat} = \dfrac{G_s + V_v \gamma_w}{V}$	$\gamma_{sat} = \dfrac{\gamma_w (d_s + e)}{1+e}$	$\mathrm{kN/m^3}$

续表

编号	物理指标	符号	表达公式	换算公式	单位
8	有效重度	γ'	$\gamma' = \dfrac{G_s - V_s \gamma_w}{V}$	$\gamma' = \dfrac{\gamma_w(d_s - 1)}{1 + e}$ $\gamma' = \gamma_{sat} - \gamma_w$	kN/m³
9	孔隙率	n	$n = \dfrac{V_v}{V} \times 100\%$	$n = \dfrac{e}{1 + e}$ $n = 1 - \dfrac{\gamma_d}{\gamma_w d_s}$	
10	孔隙比	e	$e = \dfrac{V_v}{V_s}$	$e = \dfrac{\gamma_w d_s(1 + w)}{\gamma} - 1$ $e = \dfrac{\gamma_w d_s}{\gamma_d} - 1$	
11	饱和度	S_r	$S_r = \dfrac{V_w}{V_v} \times 100\%$	$S_r = \dfrac{w d_s}{e}$ $S_r = \dfrac{w \gamma_d}{n \gamma_w}$	

例 1-1 某原状土,测得天然重度 $\gamma = 19 \text{kN/m}^3$,含水率 $w = 25\%$,土粒比重 $d_s = 2.70$。试求土的孔隙比 e、孔隙率 n、饱和度 S_r、饱和重度 γ_{sat}、干重度 γ_d、有效重度 γ'。

解
$$e = \frac{d_s \gamma_w(1 + w)}{\gamma} - 1 = \frac{2.7 \times 10(1 + 0.25)}{19} - 1 \approx 0.776$$

$$n = \frac{e}{1 + e} = \frac{0.776}{1 + 0.776} \approx 0.44 = 44\%$$

$$S_r = \frac{w d_s}{e} = \frac{0.25 \times 2.70}{0.776} \approx 0.87 = 87\%$$

$$\gamma_d = \frac{\gamma_w d_s}{1 + e} = \frac{10 \times 2.70}{1 + 0.776} \text{kN/m}^3 = 15.2 \text{kN/m}^3$$

$$\gamma_{sat} = \frac{\gamma_w(d_s + e)}{1 + e} = \frac{10 \times (2.70 + 0.776)}{1 + 0.776} \text{kN/m}^3 = 19.6 \text{kN/m}^3$$

$$\gamma' = \frac{\gamma_w(d_s - 1)}{1 + e} = \frac{10 \times (2.70 - 1)}{1 + 0.776} \text{kN/m}^3 = 9.57 \text{kN/m}^3$$

例 1-2 环刀切取一土样,测得土样体积 $V = 60 \text{cm}^3$,质量为 110g,土样烘干后 $m_s = 100$g,土粒比重为 2.70。试求土的密度 ρ、含水率 w、孔隙比 e。

解
$$\rho = \frac{m}{V} = \frac{110}{60} \text{g/cm}^3 = 1.83 \text{g/cm}^3$$

$$w = \frac{m_w}{m_s} \times 100\% = \frac{110 - 100}{100} \times 100\% = 10\%$$

$$e = \frac{\rho_w d_s(1 + w)}{\rho} - 1 = \frac{1 \times 2.7(1 + 0.10)}{1.83} - 1 = 1.62 - 1 = 0.62$$

1.3 无黏性土、黏性土的物理特征

1.3.1 无黏性土

重点提示：

> 土也可分为无黏性土和黏性土。无黏性土指具有单粒结构的碎石土和砂土；黏性土指土粒间存在黏聚力的土。

无黏性土一般指具有单粒结构的碎石土和砂土。天然状态下无黏性土具有不同的密实度。密实状态时，压缩小，强度高；疏松状态时，透水性高，强度低。目前判别砂土的密实程度较方便可靠的方法是采用砂土的相对密实度 D_r 作为判别分类的指标：

$$D_r = \frac{e_{max} - e}{e_{max} - e_{min}} \tag{1-11}$$

式中　e_{max}——砂土最松散状态时的孔隙比（取风干土样，用长颈漏斗轻轻地倒入容器确定）；

　　e_{min}——砂土最密实状态的孔隙比（风干土样装入容器夯实，直至密度不变时确定最小孔隙比）；

　　e——砂土天然孔隙比。

根据 D_r 值，可将砂土的密实状态划分为下列三种：

$$1 \geqslant D_r > 0.67 \quad 密实$$
$$0.67 \geqslant D_r > 0.33 \quad 中密$$
$$0.33 \geqslant D_r > 0 \quad 松散$$

在具体工程中，可按《建筑地基基础设计规范》(GB 50007—2011)用标准贯入试验锤击数 N 确定砂土密实度：

$N \leqslant 10$，松散；$10 < N \leqslant 15$，稍密；$15 < N \leqslant 30$，中密；$N > 30$，密实

碎石土可根据有关规范规定(表 1-4)所列野外鉴别方法确定为密实、中密、稍密三种等级。

表 1-4　碎石土密实度野外鉴别方法

密实度	骨架颗粒含量和排列	可 挖 性	可 钻 性
密实	骨架颗粒含量大于总重的70%，呈交错排列，连续接触	锹、镐挖掘困难，用撬棍方能松动；井壁一般较稳定	钻进极困难；冲击钻探时，钻杆、吊锤跳动剧烈；孔壁较稳定
中密	骨架颗粒含量等于总重的60%～70%，呈交错排列，大部分接触	锹、镐可挖掘；井壁有掉块现象，从井壁取出大颗粒处，能保持颗粒凹面形状	钻进较困难；冲击钻探时，钻杆、吊锤跳动不剧烈；孔壁有坍塌现象
稍密	骨架颗粒含量小于总重的60%，排列混乱，大部分不接触	锹可以挖掘；井壁易坍塌；从井壁取出大颗粒后，填充物砂土立即坍落	钻进较容易；冲击钻探时，钻杆稍有跳动；孔壁易坍塌

1.3.2 黏性土

黏性土粒间存在黏聚力而使土具有黏性。随含水率的变化可划分为固态、半固态、可塑

及流动状态。

1. 界限含水率

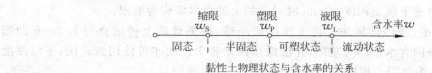

黏性土物理状态与含水率的关系

黏性土由一种状态转换到另一种状态的分界含水率,称为界限含水率。

w_L——由流动状态转为可塑状态的界限含水率,称为液限。

w_P——由可塑状态转为半固态的界限含水率,称为塑限。

w_S——由半固态转为固态的界限含水率,称为缩限。

重点提示:

> 黏性土可处于三种状态:固态、塑态、流态。由一种状态转变到另一种状态的分界含水率,称为界限含水率。

2. 塑性指数 I_P 和液性指数 I_L

塑性指数表示土的可塑性范围,用公式表示为

$$I_P = w_L - w_P \tag{1-12}$$

式中 I_P——塑性指数;

w_L——液限,%;

w_P——塑限,%(w_L 和 w_P 代入公式时均去掉%)。

塑性指数越高,土的黏性与可塑性越好。$I_P < 10$ 的土为粉土;$10 \leqslant I_P \leqslant 17$ 的土为粉质黏土;$I_P > 17$ 的土为黏土。

液性指数 I_L,又称为稠度:

$$I_L = \frac{w - w_P}{w_L - w_P} = \frac{w - w_P}{I_P} \tag{1-13}$$

式中 w——天然含水率。

由式(1-13)可知,$I_L < 0$,则 $w < w_P$,土为坚硬态;

$I_L > 1$,则 $w > w_P$,土为流塑状态;

当 I_L 在 0~1 之间,土为可塑状态。

工程上将黏性土分为五种状态:

(1) $I_L \leqslant 0$,坚硬;

(2) $0 < I_L \leqslant 0.25$,硬塑;

(3) $0.25 < I_L \leqslant 0.75$,可塑;

(4) $0.75 < I_L \leqslant 1$,软塑;

(5) $I_L > 1$,流塑状态。

3. 黏聚力

黏聚力由三部分组成:

(1) 土粒间的分子引力产生的原始黏聚力;

(2) 化学胶结作用形成的固化黏聚力;

(3) 孔隙毛细水形成的毛细黏聚力。

黏性土的黏聚力一般为 $10\sim50\text{kN/m}^2$,淤泥质土则只有 $5\sim15\text{kN/m}^2$。

4. 液限与塑限的测定

目前常用锥式液限仪（图 1-6）测试液限 w_L。将 76g 重的平衡锥放在调匀的浓糊状土样表面中心，靠锥自重下沉至深度 10mm 时对应的土的含水率称为液限。

黏性土塑限测定，常用揉搓法。将土样揉成小球，在毛玻璃上搓成直径为 3mm 的细条，开始裂开时土条的含水率即为塑限，此法操作误差较大。故亦可使用锥式法，下沉深度 2mm 时的含水率称为塑限。如图 1-7 所示，$w_L = 45\%$，$w_P = 24\%$。

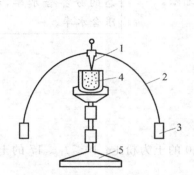

图 1-6　锥式液限仪示意图

1—锥头；2—平衡杆；3—平衡锤；4—土样；5—底座

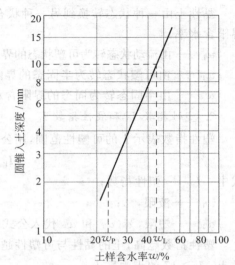

图 1-7　圆锥入土深度与含水率的关系

1.4　土的工程分类

建筑地基的土一般分为岩石、碎石土、砂土、粉土、黏性土和人工填土及特殊土六大类。

1.4.1　岩石

岩石按坚硬程度划分见表 1-5，按风化程度划分见表 1-6。

表 1-5　按岩石坚硬程度划分岩石类别

岩石类别	代表性岩石
硬质岩石	花岗岩、花岗片麻岩、闪长岩、玄武岩、石灰岩、石英砂岩、石英岩、硅质砾岩等
软质岩石	页岩、黏土岩、绿泥石片岩、云母片岩等

注：除表列代表性岩石外，凡新鲜岩石的饱和单轴极限抗压强度大于或等于 30MPa 者，可按硬质岩石考虑；小于 30MPa 者，可按软质岩石考虑。

表 1-6 按岩石风化程度划分岩石类别

风化程度	特 征
微风化	岩质新鲜,表面稍有风化迹象
中等风化	结构和构造层理清晰; 岩体被节理、裂隙分割成块状(200～500mm),裂隙中填充少量风化物;锤击声脆,且不易击碎; 用镐难挖掘,岩心钻方可钻进
强风化	结构和构造层理不甚清晰,矿物成分已显著变化; 岩体被节理、裂隙分割成碎石状(20～200mm),碎石用手可以折断; 用镐可以挖掘,手摇钻不易钻进

1.4.2 碎石土

粒径大于 2mm 的颗粒超过总质量的 50% 的土称为碎石土,其分类标准见表 1-7。

表 1-7 碎石按颗粒级配及形状分类

土的名称	颗 粒 形 状	粒 组 含 量
漂石 块石	圆形及亚圆形为主 棱角形为主	粒径大于 200mm 的颗粒超过总质量的 50%
卵石 碎石	圆形及亚圆形为主 棱角形为主	粒径大于 20mm 的颗粒超过总质量的 50%
圆砾 角砾	圆形及亚圆形为主 棱角形为主	粒径大于 2mm 的颗粒超过总质量的 50%

注:定名时,应根据粒径分组,由大到小以最先符合者确定。

1.4.3 砂土

粒径大于 2mm 的颗粒不超过总质量的 50% 且粒径大于 0.075mm 的颗粒超过总质量 50% 的土称为砂土,砂土可分为五类,见表 1-8。

表 1-8 砂土按颗粒级配分类

土的名称	粒 组 含 量
砾砂	粒径大于 2mm 的颗粒占总质量的 25%～50%
粗砂	粒径大于 0.5mm 的颗粒超过总质量的 50%
中砂	粒径大于 0.25mm 的颗粒超过总质量的 50%
细砂	粒径大于 0.075mm 的颗粒超过总质量的 85%
粉砂	粒径大于 0.075mm 的颗粒超过总质量的 50%

注:定名时,应根据粒径分组,由大到小以最先符合者确定。

1.4.4 粉土

塑性指数 $I_P \leqslant 10$ 及粒径大于 0.075mm 的颗粒小于总质量的 50% 的土称为粉土。粉土含有较多的粒径为0.075～0.005mm 的粉粒。

1.4.5　黏性土

塑性指数 $I_P>10$ 的土称为黏性土,其中粒径小于 0.005mm 的黏性颗粒数量很多。

1.4.6　人工填土及特殊土

人类活动堆填形成的堆积物,成分杂乱、均匀性不高,称为人工填土。它又可分为素填土、杂填土和冲填土。素填土主要由碎石土、砂土、粉土、黏土等组成;杂填土由垃圾废料等杂物组成;冲填土是由水力冲填、风力堆填形成的沉积土。

孔隙比 $e \geqslant 1.5$ 的黏性土称为淤泥,而 $1 \leqslant e < 1.5$ 时称为淤泥质土。

特殊土包括红黏土(分布在我国北纬 33°以南地区)、黄土(我国西部黄河流域,易发生湿陷)、膨胀土和冻土。

例 1-3　已知某土样经试验,不同粒组的质量占总质量的百分比如下:粒径 5～2mm 占 5%,2～1mm 占 5%,1～0.5mm 占 15%,0.5～0.25mm 占 40%,0.25～0.1mm 占 25%,0.1～0.075mm 占 10%。试确定该土名称。

解　粒径大于 2mm,且占总质量的 5%,小于 25%,则不属于砾砂;

粒径大于 0.5mm,且 15%+5%+5%=25%,其占总质量的比例 25% 小于 50%,则不属于粗砂;

粒径大于 0.25mm,且 40%+15%+5%+5%=65%,其占总质量的比例 65% 大于 50%,则根据表 1-8 确定该土为中砂。

例 1-4　某土样测得天然含水率 $w=45\%$,天然重度 $\gamma=17\text{kN/m}^3$,比重 $d_s=2.70$,液限 $w_L=42\%$,塑限 $w_P=23\%$,试确定该土样的名称。

解　塑性指数

$$I_P = w_L - w_P = 42 - 23 = 19$$

液性指数

$$I_L = \frac{w - w_P}{w_L - w_P} = \frac{45 - 23}{19} = 1.16$$

孔隙比

$$e = \frac{d_s \gamma_w (1+w)}{\gamma} - 1 = \frac{2.7 \times 10(1+0.45)}{17} - 1 = 2.3 - 1 = 1.3$$

该土样 $I_P > 17$, $I_L > 1$,确定黏土属于流塑状态;又因 $w > w_L$,$1 < e < 1.5$,故该土定名为淤泥质黏土。

1.5　地下水

位于地表以下的土和岩石孔隙中的处于饱和状态的水称为地下水。

1.5.1　地下水的种类

工程上将透水的地层称为透水层,相对不透水的地层称为隔水层(如密实黏土)。按埋藏条件不同可划分为上层滞水、潜水和承压水三种类型。

(1) 上层滞水,指在地表浅处,具有自由水面的地下水,主要由大气水补给。

(2) 潜水,指在地表以下第一稳定隔水层以上的具有自由水面的地下水,其自由水面称为潜水面。潜水由大气降水及地表江河补给。

(3) 承压水,指在两个稳定的隔水层之间的含水层中完全充满的有压地下水。在打井至承压水层时,水会喷出,形成自流井,有专门的水源补给区,如图1-8所示。

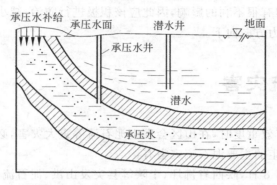

图 1-8 地下水埋藏示意图

1.5.2 土的渗透特性

土体可以被水透过的性质称为土的渗透性。地下水在孔隙中以一定的速度连续流动,其渗透速度与水力梯度成正比,即达西(Darcy)定律。可根据试验确定的线性渗透定律计算,其表达式如下:

$$v = ki \tag{1-14}$$

式中 v——渗透速度,cm/s,它表示在单位时间内流过单位土截面的水量;

k——土的渗透系数,cm/s,透水性质常数;对于致密黏土,$k < 10^{-7}$ cm/s;对于粉土,$k = 10^{-7} \sim 10^{-4}$ cm/s;对于砂土,$k = 10^{-4} \sim 10^{-1}$ cm/s;对于粗砂、砾石,$k = 10^{-2} \sim 10^{-1}$ cm/s;

i——水力梯度,$i = \dfrac{H_2 - H_1}{L}$。

H_2、H_1 分别表示高水位点和低水位点的水头,$H_2 - H_1$ 为水头差。从高水位流到低水位的距离为 L。L 一般近似用两点的水平距离表示。试验证明砂土的水运动符合达西定律,而黏土超过一起始梯度后水的运动也基本符合达西定律。

1.5.3 动水力

地下水渗流时对土颗粒产生压力,单位体积内骨架受到的力称为动水力,亦称渗透力,用 G_D(kN/m³)表示,即

重点提示:

达西定律:孔隙水在土中的渗透速度与水力梯度成正比,其比例系数称为渗透系数 k(cm/s)。

重点提示:

动水力:地下水渗流对土颗粒产生的压力称为动水力,亦称渗透力。当渗透力使水流自下而上运动,如果渗透力大于或等于土粒的有效重度时,土粒处于悬浮状态并随水流动,这种现象称为流砂。

$$G_{\mathrm{D}} = T = \gamma_{\mathrm{w}}i \tag{1-15}$$

式中　T——渗透水受到土骨架的阻力，kN/m^3；

　　　γ_{w}——水的重度，近似 $10kN/m^3$；

　　　i——水力梯度。

当渗透水流自下而上运动时，土粒间的压力将减少，如果动水力等于或大于有效重度，即 $G_{\mathrm{D}} \geqslant \gamma'$，土粒将处于悬浮状态并随水流动，这种现象称为流砂。

流砂现象对工程有很不利的影响，因此应该积极进行防治，减小或平衡动水力或采用井点降低水位，使动水力方向向下。

1.6　泥石流灾害

当动水力大于有效重度时，在山区会发生泥石流等重大灾害，必须引起高度重视。

近年来，我国发生的主要泥石流灾害有：

（1）2002 年 6 月 8 日，陕西省佛坪、宁陕等县突发山洪、泥石流，造成 455 人死亡、失踪。

（2）2004 年 9 月初，四川、重庆发生的山洪、泥石流、滑坡灾害，造成 233 人死亡、失踪。

（3）2008 年 9 月 8 日，位于山西临汾市襄汾县的陶寺乡塔山矿区因暴雨发生泥石流，致使该矿废弃尾矿库被冲垮，造成至少 151 人遇难。

（4）2008 年 9 月 24 日，持续不断的降雨使北川县城附近多处山体产生滑坡和泥石流，正在筹建的北川"地震博物馆"老县城一半以上被泥石流掩埋。如果这种状况继续下去，地震遗址很可能"瞬间消失"。

（5）2008 年 11 月 5 日，云南滑坡泥石流灾害已造成 40 人死亡、43 人失踪，电力、交通、水利、通信等基础设施不同程度受损，因灾害造成经济损失 5.92 亿元。

（6）2009 年 7 月 27 日，四川省米易发生山洪和泥石流灾害，造成至少 24 人遇难，另有 4 名失踪人员下落不明。

（7）2009 年 8 月，台湾省高雄县甲仙乡小林村遭"莫拉克"台风引发的泥石流袭击，造成至少 129 人死亡，300 多人失踪。

（8）2010 年 8 月 8 日，甘肃省舟曲县发生特大泥石流灾害。截至 8 月 30 日，共造成 1467 人遇难，298 人失踪。

（9）2016 年 7 月 6 日，新疆叶城县柯克亚乡 6 村发生泥石流灾害，造成 35 人遇难。

同样，在全球重大泥石流灾害也不断发生：

（1）1998 年 5 月 6 日，意大利南部那不勒斯等地遭遇非常罕见的泥石流灾难，造成 100 多人死亡，2000 多人无家可归。

（2）2005 年，雅加达西南部一个村庄遭遇泥石流袭击，造成至少 140 人死亡。

（3）2005 年 6 月 1 日，美国加利福尼亚州洛杉矶东南拉古纳海滩发生泥石流，6 幢价值数百万美元的豪宅和一条街道被冲下山，另有两人受轻伤。

（4）2006 年 2 月 17 日，一场历史罕见的泥石流突然无情地吞噬了菲律宾南莱特省圣伯纳德镇的村庄，将包括 200 多名小学生在内的几千人活埋在了泥浆之下。法新社称，此次泥石流是世界过去 10 年来造成死亡人数最高的一次。

（5）2010 年 3 月 1 日,乌干达东部布杜达行政区遭遇大规模泥石流袭击,3 个村庄被埋,至少 94 人死亡,约 320 人失踪。

（6）2010 年 4 月 5 日,巴西里约热内卢州连降暴雨并引发洪水和山体滑坡等自然灾害,造成至少 212 人死亡,161 人受伤,另有 100 多人失踪。

（7）2010 年 8 月 6 日,印控克什米尔列城因暴雨引发洪水和泥石流等自然灾害,造成至少 166 人死亡,约 400 人失踪。

（8）2010 年 12 月 5 日,哥伦比亚西北部安迪奥基亚省贝约市发生严重山体滑坡,造成至少 88 人遇难。

（9）2011 年 1 月 11 日,巴西里约热内卢州山区因强降雨引发洪灾、山体滑坡和泥石流,造成至少 806 人死亡,约 300 人失踪。

（10）2011 年 7 月 26 日起,韩国首尔及全国大部分地区连降暴雨,引发多起山体滑坡和河水泛滥等灾害,造成至少 62 人死亡,9 人失踪。

（11）2012 年 1 月 25 日,巴布亚新几内亚首都莫尔斯比港西北的诺戈里地区发生山体滑坡,两个村庄被埋,至少 40 人死亡,另有约 20 人失踪。

（12）2012 年 6 月 26 日,孟加拉国东南部地区因暴雨引发多起山体滑坡、山洪等灾害,造成至少 88 人死亡,10 多人受伤。

（13）2013 年 6 月 16 日至 18 日,强暴雨袭击了印度北部的北阿肯德邦、北方邦等地区,并引发洪水和泥石流等次生灾害,造成至少 822 人死亡。

（14）2013 年 9 月 14 日,墨西哥西南部格雷罗州山区一个村庄在强降雨引发的山体滑坡中被埋,至少 68 人失踪。

1. 泥石流产生的条件

泥石流的形成必须同时具备以下 3 个条件:陡峻的便于集水、集物的地形、地貌;具有丰富的松散物质;短时间内有大量的水资源。

（1）地形、地貌条件。在地形上具备山高沟深、地形陡峻、沟床纵坡降大,流域形状便于水流汇集。在地貌上,泥石流的地貌一般可分为形成区、流通区和堆积区三部分。上游形成区的地形多为三面环山,一面出口的瓢状或漏斗状,地形比较开阔、周围山高坡陡、山体破碎、植被生长不良,这样的地形有利于水和碎屑物质的集中;中游流通区的地形多为狭窄陡深的峡谷,谷床纵坡降大,使泥石流能迅猛直泻;下游堆积区的地形为开阔平坦的山前平原或河谷阶地,使堆积物有堆积场所。

（2）松散物质来源条件。泥石流常发生于地质构造复杂、断裂褶皱形成、新构造活动强烈、地震烈度较高的地区。地表岩石破碎、崩塌、错落、滑坡等不良地质现象发育,为泥石流的形成提供了丰富的固体物质来源。另外,岩层结构松散、软弱、易于风化、节理发育或软硬相间成层的地区,因易受破坏,也能为泥石流提供丰富的碎屑物来源;一些人类工程活动,如滥伐森林造成水土流失,开山采矿、采石弃渣等,往往也为泥石流提供大量的物质来源。

（3）水源条件。水既是泥石流的重要组成部分,又是泥石流的激发条件和搬运介质(动力来源),泥石流的水源,有暴雨、冰雪融水和水库(池)溃决水体等形式。我国泥石流的水源主要是暴雨、长时间的连续降雨等。

2. 泥石流发生的时间规律

泥石流发生的时间具有如下三个规律：

（1）季节性。我国泥石流的暴发主要是受连续降雨、暴雨，尤其是特大暴雨集中降雨的激发。因此，泥石流发生的时间规律与集中降雨时间规律一致，具有明显的季节性，一般发生在多雨的夏秋季节，因集中降雨的时间差异而有所不同。我国四川、云南等西南地区的降雨多集中在6～9月，因此，西南地区的泥石流多发生在6～9月；而西北地区降雨多集中在6～8月，尤其是7，8月降雨集中，暴雨强度大，因此西北地区的泥石流多发生在7、8月。据不完全统计，发生在这两个月的泥石流灾害约占该地区全部泥石流灾害的90%以上。

（2）周期性。泥石流的发生受暴雨、洪水、地震的影响，而暴雨、洪水、地震总是周期性地出现，因此，泥石流的发生和发展也具有一定的周期性，且其活动周期与暴雨、洪水、地震的活动周期大体一致。当暴雨、洪水两者的活动周期相叠加时，常常形成泥石流活动的一个高潮。如云南省东川地区在1966年是近十几年的强震期，使东川泥石流的发展加剧。仅东川铁路在1970—1981年的11年中就发生泥石流灾害250余次。又如1981年，东川达德线泥石流，成昆铁路利子伊达泥石流，宝成铁路、宝天铁路的泥石流，都是在大周期暴雨的情况下发生的。

（3）泥石流的发生，一般是在一次降雨的高峰期，或是在连续降雨之后发生。

思考题

1. 土由哪几部分组成？土的三相体系比例变化对土的性质有什么影响？

2. 土的基本物理指标有哪三项？与基本三项指标有关系的其他物理指标有哪些？它们之间的换算公式是什么？

3. 叙述指标 γ_{sat}，γ，γ_d，γ' 的意义并比较它们数值的大小。

4. 下列物理指标中，哪几项对黏性土影响较大？哪几项对无黏性土影响较大？

（1）粒径级配；（2）比重；（3）塑性指数；（4）液性指数。

5. 何谓塑性指数？塑性指数大的土具有哪些特点？何谓液性指数？如何用液性指数来评价土的工程性质？

6. 无黏性土和黏性土在矿物组成与粒径组成方面有何重大区别？

习题

一、选择题

1. 若土的粒径级配曲线很陡则表示（　　　）。

　　A. 土粒较均匀　　　　　　　　　　　B. 不均匀系数较大

　　C. 级配良好　　　　　　　　　　　　D. 填土易夯实

2. 在土的三相比例指标中，直接通过试验测定的是（　　　）。

　　A. d_s，w，e　　　　　B. d_s，ρ，w　　　　　C. d_s，ρ，e　　　　　D. ρ，w，e

3. 黏性土的液性指数 $I_L=0.6$，则该土的状态为（　　　）。

　　A. 硬塑　　　　　　B. 可塑　　　　　　C. 软塑　　　　　　D. 流塑

4. 处于天然状态的砂土密实度用（　　　）测定。

　　A. 载荷试验　　　　　　　　　　　　B. 十字板剪切试验

　　C. 触探试验　　　　　　　　　　　　D. 标准贯入试验

二、判断改错题

1. 结合水是液态水的一种，故能传递静水压力。（　　　）

2. 砂土的分类是按颗粒级配及其形状进行的。（　　　）

3. 在填方施工中，常用土的干密度来评价填土的压实程度。（　　　）

4. 塑性指数 I_P 可以用于对无黏性土进行分类。（　　　）

三、计算题

1. 一土样经试验测定 $\rho=1.7\mathrm{g/cm^3}$，$w=20\%$，$d_s=2.68$。试求该土样的 e、n、S_r、ρ_d、ρ_{sat}。

2. 某土样的孔隙体积 $V_v=35\mathrm{cm^3}$，土粒体积 $V_s=40\mathrm{cm^3}$，土粒相对密度 $d_s=2.69$，求 e、γ_d；当孔隙被水充满时，求 γ_{sat} 和 w。

3. 已知土样的天然密度为 $1.8\mathrm{t/m^3}$，干密度为 $1.3\mathrm{t/m^3}$，饱和重度为 $2.0\mathrm{kN/m^3}$，试求在 1t 的该土中，水和土的质量各是多少？若使这些土改变成饱和状态，需加多少水？

4. 某饱和土的饱和密度为 $1.85\mathrm{t/m^3}$，含水量为 37.04%，求其土粒相对密度和孔隙比。

第2章

土 中 应 力

2.1 饱和土的有效应力原理

根据有效应力原理,饱和土的有效应力原理表达式为

$$\sigma = \sigma' + u \qquad (2\text{-}1)$$

式中　σ——总应力;

σ'——土粒承受和传递的粒间应力,通称有效应力;

u——孔隙水中的压力。

式(2-1)表明,饱和土的总应力 σ 由有效应力 σ' 与孔隙水压力 u 组成。其中的孔隙水压力的特征是:

（1）对各个方向的作用是相等的,因此不能使颗粒产生移动;

（2）承担一部分正应力,而不承担剪应力。

只有有效应力才能同时承担正应力和剪应力。

为了便于理解有效应力原理,设想有 A、B 两个完全一样

> **重点提示:**
>
> 饱和土的总应力 σ 由有效应力 σ' 与孔隙水压力 u 组成,即 $\sigma = \sigma' + u$。
>
> 凡涉及土体的变形或强度变化均是有效应力 σ' 所致,而与总应力无关。
>
> 有效应力分为自重应力和附加应力。

的土水池,将水抽干后,将 A 水池重新注水,而 B 水池则填土,但 A 池所加的水与 B 池填的土质量完全相同。过了较长的一段时间后,两池会发生什么变化呢? 检查发现:A 池底部没有变化,而 B 池底部的软土产生了压缩变形,强度显著提高了。

两者的表现为何不同呢? 这是因为在 A 池中充的是水,因此只增加了孔隙水压力而有效应力没有增加,所以软土不产生新的变形,强度也不增加;而在 B 池中填土的压力使有效应力和孔隙水压力都有所增加,其中的有效应力增量使软土产生了压缩变形,强度自然得到提高。

土中孔隙水压力包括静水压力和超静水压力两种。由水自重引起的水压力称为静水压力,其大小往往取决于土中地下水位的高低,而超静水压力是由附加应力引起的,通常将超静水压力称为孔隙水压力。

式(2-1)看似简单,但其真实意义却非常深刻,凡涉及土体的变形或强度变化均仅为有效应力 σ' 所引起,而不是总应力所致。

土中的有效应力分为自重应力和附加应力两种。

2.2 土的自重应力

2.2.1 计算公式

假定地面是无限延伸的平面,如图 2-1 所示的土柱微单元体(天然重度为 γ 的均质土层),任意深度 z 处单位面积上的竖向自重应力 σ_{cz} 为

$$\sigma_{cz} = \gamma z \tag{2-2}$$

式中　z——天然地面算起的深度,m;

　　　γ——土的天然重度,kN/m³。

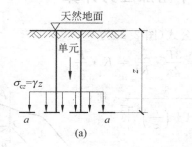
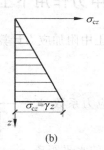

图 2-1　均质土中的竖向自重应力

(a) 任意水平面上的分布;(b) σ_{cz} 沿深度的分布

当 z 范围内由多层土组成时,则 z 处土的自重应力为各土层自重应力之和,即

$$\sigma_c = \sum_{i=1}^{n} \gamma_i h_i \tag{2-3}$$

式中　σ_c——天然地面下任意深度 z 处土的竖向有效自重应力,kPa;

　　　n——深度 z 范围内的土层总数;

　　　h_i——第 i 层土的厚度,m;

　　　γ_i——第 i 层土的天然重度,对地下水位以下的土层取有效重度 γ',kN/m³。

2.2.2 地下水对自重应力的影响

> **重点提示:**
>
> 　地下水位上升会导致滑坡、坍塌等破坏;地下水位下降导致地面下沉、塌陷等事故。这是由于浮力作用,有效应力变化的缘故。

地下水位以下的土,由于浮力作用,土重减轻,计算时采用有效重度 $\gamma' = \gamma_{sat} - \gamma_w$。地下水位上升会导致滑坡、坍塌等破坏现象;而地下水位下降,会导致地面沉降、塌陷等事故。

当地下有基岩或坚硬的黏土层时,认为该土层是不透水层,该层中不考虑浮力的作用,作用在不透水层面及层面以下的自重应力应等于该层面以上土和水的总重。

例 2-1 在地面以下 10m 处有一不透水层，该层厚 $H=4$m，$\gamma=19.6$kN/m^3，不透水层以上是饱和粉质黏土，$\gamma_{sat}=18.0$kN/m^3。求不透水层顶部及底部的自重应力。

解 设不透水层顶部和底部的自重应力分别为 σ_{czH}，σ_{czH}'，则

$$\sigma_{czH} = 18.0 \times 10\text{kN/m}^2 = 180\text{kN/m}^2$$

$$\sigma_{czH}' = (180 + 19.6 \times 4)\text{kN/m}^2 = 258.4\text{kN/m}^2$$

2.3　土中附加应力

由建筑物在土中引起的应力称为附加应力。附加应力是引起地基变形沉降的主要因素。

2.3.1　集中力作用下土中附加应力计算

集中力作用下土中附加应力计算公式（图 2-2）为

$$\sigma_z = \frac{3P}{2\pi} \cdot \frac{z^3}{R^5} = K \cdot \frac{P}{z^2} \tag{2-4}$$

式中　K——附加应力系数，$K = \dfrac{3}{2\pi\left[1+\left(\dfrac{r}{z}\right)^2\right]^{\frac{5}{2}}}$，其

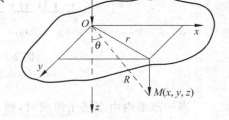

中 r 为 M 点与 z 轴的水平距离，m；

z——M 点的深度，m；

R——集中力作用点 O 至计算点 M 的距离，m；

P——作用于坐标原点 O 的竖向集中力。

附加应力系数 K 的值，也可以查表 2-1 得到。
式（2-4）又称为布辛奈斯克公式。

图 2-2　集中力作用下 M 点应力计算图示

表 2-1　集中荷载附加应力系数 K

r/z	K	r/z	K	r/z	K	r/z	K
0.00	0.477 5	0.80	0.138 6	1.60	0.020 0	2.40	0.004 0
0.20	0.432 9	1.00	0.084 4	1.80	0.012 9	3.00	0.001 5
0.40	0.329 4	1.20	0.051 3	2.00	0.008 5	4.00	0.000 4
0.60	0.221 4	1.40	0.031 7	2.20	0.005 8	5.00	0.000 1

2.3.2　矩形均布荷载下土中附加应力计算

1. 矩形均布荷载 p_0 角点下任意深度的附加应力 σ_z

$$\sigma_z = \alpha p_0 \tag{2-5}$$

式中　α——角点"A"（图 2-3）下的附加应力系数，可由参数 $\dfrac{l}{b}$，$\dfrac{z}{b}$ 查表 2-2 得。

$$m = \frac{l}{b}, \quad n = \frac{z}{b} \tag{2-6}$$

式中　l——边长；

　　　b——短边长；

　　　z——深度。

表 2-2　矩形均布荷载"角点法"附加应力系数 α

z/b ＼ l/b	1.0	1.4	1.8	4.0	6.0	10.0
0	0.250 0	0.250 0	0.250 0	0.250 0	0.250 0	0.250 0
1.0	0.175 2	0.191 1	0.198 1	0.204 2	0.204 5	0.204 6
5.0	0.017 9	0.024 3	0.030 2	0.050 4	0.057 3	0.061 0
10.0	0.004 7	0.006 5	0.008 3	0.016 8	0.022 2	0.028 0
20.0	0.001 2	0.001 7	0.002 1	0.004 6	0.006 7	0.009 9

注：α 在有的教科书中用 K_c 表示，其值也可查现成表格。

2. 矩形均布荷载非角点下任意深度的附加应力

如图 2-3 所示的荷载平面，求 O 点下任意深度的应力时，可通过 O 点将荷载面积划分为几块小矩形面积，使每块小矩形面积都包含有角点 O，分别求角点 O 下同一深度的应力，然后叠加求得，这种方法称为角点法。

图 2-3(a)为两块矩形面积角点应力之和：

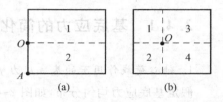

图 2-3　用角点法计算的面积划分

$$\sigma_z = (\alpha_1 + \alpha_2)p_0 \tag{2-7}$$

图 2-3(b)为四块矩形面积角点应力之和：

$$\sigma_z = (\alpha_1 + \alpha_2 + \alpha_3 + \alpha_4)p_0 \tag{2-8}$$

式中　$\alpha_1, \alpha_2, \alpha_3, \alpha_4$——相应于 1,2,3,4 矩形均布荷载角点下土中的附加应力系数，可查有关规范中相应表格。

2.3.3　条形均布荷载下土中附加应力计算

建筑工程墙下条形基础的基底荷载为条形荷载，在条形均布荷载 p_0 作用下任意深度处的附加应力为

$$\sigma_z = \alpha_s p_0 \tag{2-9}$$

式中　α_s——条形均布荷载中心点下的附加应力系数，可由参数 $\dfrac{z}{b}$，$\dfrac{x}{b}$ 查表 2-3 得。b 为条形基础宽度；z、x 为所求点的 z、x 坐标。

表 2-3　条形均布荷载附加应力系数 α_s

z/b ＼ x/b	0.00	0.25	0.50	1.00	1.50	2.00
0.00	1.00	1.00	0.50	0.00	0.00	0.00
1.00	0.55	0.51	0.41	0.19	0.07	0.03

z/b \ x/b	0.00	0.25	0.50	1.00	1.50	2.00
3.00	0.21	0.21	0.20	0.17	0.13	0.10
6.00	0.11	0.10	0.10	0.10	0.10	0.10

2.4 基底应力分析

建筑物荷载通过基础传递至地基，在基础底面与地基之间便产生了接触应力，这既是基础作用于地基表面的基底应力，又是地基反作用于基础底面的基底反力。通常基底应力与基础的大小以及作用于基础上的荷载有关，用材料力学的公式进行简化计算。

2.4.1 基底应力的简化计算

1. 轴心荷载作用下的基底应力 p

假定基底应力均匀分布，如图 2-4 所示，其计算公式为

$$p = \frac{F+G}{A} \tag{2-10}$$

式中　p——基底应力，kPa；

F——上部结构传至基础上的竖向力设计值，kN；

G——基础及回填土的自重设计值，kN；$G = \bar{\gamma} A \bar{h}$（kN），其中 $\bar{\gamma}$ 为基础及基础上土的加权平均重度，一般取 $\bar{\gamma} = 20 \text{kN/m}^3$，地下水位以下部分应扣去浮力 10kN/m^3；A 为基础面积，m^2；$A = lb$，l、b 分别为基础底面长度和宽度；$\bar{h}$ 为计算填土自重 G 的平均高度。

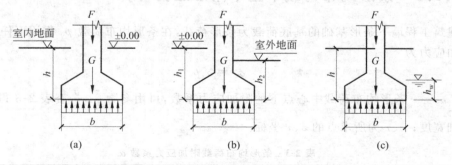

图 2-4　轴心荷载下基底应力计算图示

(a) 内墙；(b) 外墙；(c) 有地下水

2. 偏心受压基础的基底应力

如图 2-5 所示，在基底应力呈线性分布时，最大应力和最小应力值可表示为

$$p_{\max} = \frac{N}{A} + \frac{M}{W} \tag{2-11}$$

$$p_{\min} = \frac{N}{A} - \frac{M}{W} \tag{2-12}$$

式中 $p_{\max}$——最大应力;

$p_{\min}$——最小应力;

$W = \dfrac{bl^2}{6}$（基础底面抵抗矩，m^3）;

$N = F + G$。

图 2-5 中的 $e = \dfrac{M}{F+G}$，$M = (F+G)e$，如果用 $p = \dfrac{F+G}{lb}$

代入式（2-12）得

$$p_{\max} = \frac{F+G}{lb} + \frac{6M}{bl^2} = p + \frac{6e(F+G)}{bl^2} = p\left(1 + \frac{6e}{l}\right)$$

$$p_{\min} = \frac{F+G}{lb} - \frac{6M}{bl^2} = p - \frac{6e(F+G)}{bl^2} = p\left(1 - \frac{6e}{l}\right) \tag{2-13}$$

式中 e——基底形心处力矩总和与竖向力总和的比值，称为偏心距。

由式（2-13）可知:

（1）当 $e = 0$ 时，$p_{\max} = p_{\min}$，基底应力均匀分布;

（2）当 $0 < e < \dfrac{l}{6}$ 时，$p_{\max} > p_{\min}$，基底应力呈梯形分布;

（3）当 $e = \dfrac{l}{6}$ 时，$p_{\min} = 0$，基底应力呈三角形分布;

（4）当 $e > \dfrac{l}{6}$ 时，$p_{\min} < 0$，基底出现拉应力。

由于基底与地基之间不承受拉力，当基底与地基局部脱开，使承受应力的基底面积减少，使基底应力重新分布，根据受力平衡条件可求得基底的最大应力为

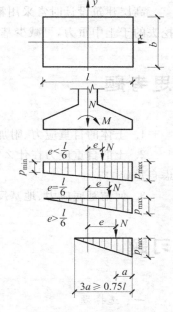

图 2-5 偏心受压基础
受力简图

$$p_{\max} = \frac{2(F+G)}{3bk} \tag{2-14}$$

式中，$k = \dfrac{1}{2} - e$。

例 2-2 已知基底长 $l = 5m$，宽 $b = 2m$，基底中心处的偏心力矩 $M = 150kN \cdot m$，竖向合力为 $N = 500kN$，求基底应力。

解 $e = \dfrac{150}{500}m = 0.3m$

$$p_{\max} = \frac{N}{A}\left(1 + \frac{6e}{l}\right) = \frac{500}{5 \times 2} \times \left(1 + \frac{6 \times 0.3}{5}\right)kPa = 50 \times (1 + 0.36)kPa = 68kPa$$

$$p_{\min} = \frac{N}{A}\left(1 - \frac{6e}{l}\right) = \frac{500}{5 \times 2} \times \left(1 - \frac{6 \times 0.3}{5}\right)kPa = 50 \times (1 - 0.36)kPa = 32kPa$$

2.4.2 基底附加应力

一般天然土层在自重应力作用下的变形早已稳定。基坑开挖后的基底应力应扣除原先存在于土中的自重应力，才是基底新增加的应力，即基底附加应力，用 p_0 表示，即

$$p_0 = p - \sigma_{cz} \tag{2-15}$$

式中　p_0——基底附加应力，kPa；

　　　p——基底应力，kPa；

　　　σ_{cz}——基底处土的自重应力，kPa。

高层建筑设计时常采用箱形基础或地下室，这样可以使设计基础结构的自身重力小于挖去的于土中重力，可减少基底附加应力，从而减少沉降，这在工程上称为补偿设计。

思考题

1. 土体的自重应力、附加应力的物理意义是什么？两者沿深度变化有什么特点？

2. 土的自重应力在什么情况下会引起建筑物的沉降？地下水位变化时，计算中如何考虑自重应力？

3. 何谓基底应力、地基反力、基底附加应力？设计地下室时如何减少基底附加应力？

习题

一、选择题

1. 建筑物基础作用于地基表面的压力，称为（　　）。

　　A. 基底应力　　　　B. 附加应力　　　　C. 基底净反力　　　D. 基底反力

2. 通过土粒承受和传递的应力称为（　　）。

　　A. 有效应力　　　　B. 附加应力　　　　C. 总应力　　　　　D. 孔隙水压力

3. 由建筑物的荷载在地基内所产生的应力称为（　　）。

　　A. 自重应力　　　　B. 附加应力　　　　C. 有效应力　　　　D. 附加压力

4. 计算基础及其上回填土的总质量时，其平均重度一般取（　　）。

　　A. 19kN/m³　　　B. 20kN/m³　　　C. 18.5kN/m³　　D. 22kN/m³

二、判断改错题

1. 在均质地基中，竖向自重应力随深度线性增加，而侧向自重应力则呈非线性增加。（　　）

2. 由于土中自重应力属于有效应力，因而与地下水位的升降无关。（　　）

3. 土的静止侧压力系数 K_0 为土的侧向与竖向总自重应力之比。（　　）

4. 柱下独立基础的埋深大小对基底附加应力影响不大。（　　）

三、计算题

1. 某处墙下条形基础底面宽 $b=1.5\mathrm{m}$,基础底面标高为$-1.50\mathrm{m}$,室内地面标高为±0.00,室外地面标高为$-0.60\mathrm{m}$,墙体作用在基础顶面的竖向荷载 $F=230\mathrm{kN/m}$,试求基底应力 p_0。

2. 某场地地表 $0.5\mathrm{m}$ 为新填土,$\gamma=16\mathrm{kN/m^3}$,填土下为黏土,$\gamma=18.5\mathrm{kN/m^3}$,$w=20\%$,$d_s=2.71$,地下水位在地表下 $1\mathrm{m}$,现设计一柱下独立基础,已知基础面积 $A=5\mathrm{m^2}$,埋深 $d=1.2\mathrm{m}$,上部结构传给基础的轴心荷载 $F=1000\mathrm{kN}$。试计算基底附加应力 p_0。

第3章

土的压缩性与地基变形的计算

3.1 土的压缩性

重点提示：

土在压力作用下体积减小的特性称为土的压缩性。土压缩主要是由孔隙水与空气被挤出、孔隙体积减小所致。

土在压力作用下体积减小的特性称为土的压缩性。土压缩的主要原因是孔隙水与空气被挤出，从而使土的孔隙体积减小。土的压缩需要一定的时间才能完成。对于无黏性土，可以认为瞬间压缩；对于饱和黏性土，水通过速度很慢的渗流被挤出，压缩所需时间会很长，经几年甚至几十年才能压缩稳定。

3.1.1 土的压缩性指标

土的压缩性指标可通过室内试验或原位试验来测定。

1. 压缩试验和压缩指标

1）压缩试验

常用的试验是不允许土样产生侧向变形的室内试验，又称侧限压缩试验或固结试验。

试验是在侧限压缩仪(固结仪)中进行的。试验时，用金属环刀切取保持天然结构的原状土样，并置于压缩容器(图 3-1)的刚性护环内，土样上下各垫一块透水石，以便水可以自由地排出。由于金属环刀和刚性护环的限制，土样在压力作用下只能发生竖向压缩变形。

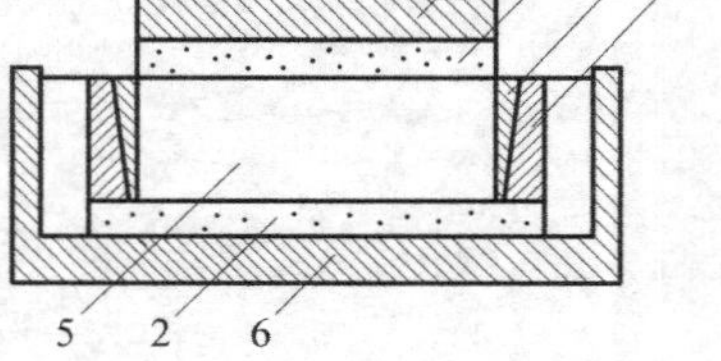

图 3-1　固结仪简图

1—加压板；2—透水石；3—环刀；4—压缩环；5—土样；6—底座

土样在天然状态下或经人工饱和后，进行逐级加压固结，求出各级压力压缩稳定后的孔隙比，便可绘出土样的压缩曲线。

2）压缩曲线

如图 3-2 所示，设原状土的高度为 H_0，受压后高度变为 H，S 为压力 p 作用下土样压缩稳定后的下沉量。原土粒体积 $V_s=1$，空隙体积 $V_v=e_0$，受压后 $V_s=1$，$V_v=e$，如面积不变，

则受压前的体积为

$$1 + e_0 = H_0 A$$

受压后的体积为

$$1 + e = HA$$

两式面积相等,于是有

$$\frac{1+e_0}{H_0} = \frac{1+e}{H}, \quad e = \frac{(1+e_0)H}{H_0} \tag{3-1}$$

$$H = H_0 - S, \quad e = e_0 - \frac{S}{H_0}(1+e_0) \tag{3-2}$$

式中,$e_0 = \dfrac{d_s \gamma_w (1+w_0)}{\gamma_0} - 1$,其中 d_s,w_0,γ_0 分别为土粒密度、土样的初始含水率和初始重度。如此,只要测得压缩量 S,就可计算出孔隙比 e,从而绘制出 $e\text{-}p$ 曲线,即压缩曲线,如图 3-3 所示。

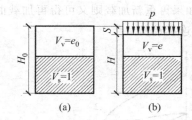

图 3-2 侧限压缩土样孔隙比变化

(a) 受压前;(b) 受压后

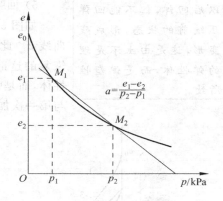

图 3-3 $e\text{-}p$ 压缩曲线

3) 压缩系数

从图 3-3 所示的压缩曲线可以看出,当两点间压力变化范围不大时,曲线可近似作为直线。将孔隙比之差 $e_1 - e_2$ 与相应的压力 $p_2 - p_1$ 的比值称为压缩系数 a($\mathrm{MPa^{-1}}$),也称为压缩曲线的斜率,可表示为

$$a = \frac{e_1 - e_2}{p_2 - p_1} = \frac{\Delta e}{\Delta p} \tag{3-3}$$

式中,a 越大,土的压缩性越高。取 p_1 为土自重应力,取 p_2 为土的自重应力与附加应力之和,但目前一般工程取 $p_1 = 100\mathrm{kPa}$,$p_2 = 200\mathrm{kPa}$,求得压缩系数 a_{1-2} 来评价土的压缩性。不同类型、状态的土,其压缩性相差较大,可分为下列三种情况:$a_{1-2} < 0.1\mathrm{MPa^{-1}}$ 时,属低压缩性土;$0.1\mathrm{MPa^{-1}} \leqslant a_{1-2} < 0.5\mathrm{MPa^{-1}}$ 时,属中压缩性土;$a_{1-2} \geqslant 0.5\mathrm{MPa^{-1}}$ 时,属高压缩性土。

4) 压缩模量

在侧限条件下,土样受压方向上的压应力变量 Δp 与相应压应变变量 $\Delta \varepsilon$ 的比值称为压缩模量,用 E_s 表示。

设土体受压面积保持不变，在 p_1 作用下的体积为 $1+e_1$，在 p_2 作用下的体积为 $1+e_2$，则压应变变量为

$$\Delta\varepsilon = \frac{(1+e_1)-(1+e_2)}{1+e_1} = \frac{e_1-e_2}{1+e_1}$$

故

$$E_s = \frac{\Delta p}{\Delta\varepsilon} = \frac{(p_2-p_1)(1+e_1)}{e_1-e_2} = \frac{1+e_1}{a} \tag{3-4}$$

《建筑地基基础设计规范》（GB 50007—2011）中建议采用实际压力下的 E_s 值，当考虑 p_1 为土的自重应力时，取天然孔隙比 e_0 代替 e_1，故压缩模量为

$$E_s = \frac{1+e_0}{a} \quad \text{(MPa)} \tag{3-5}$$

> **重点提示：**
>
> 土被加载而压缩，卸载以后回弹，但不能回弹到压缩前的状态，形成残余变形，这是由土不是理想的弹性体，而是弹塑性体所致。

式中，a 应取从土自重应力至土的自重附加应力段的压缩系数。

E_s 与 a 成反比，a 越小则 E_s 越大，表示土的压缩性越低。

5）回弹曲线和再压缩曲线

如图 3-4 所示，土加载至 p_i 后逐渐卸载直至零，可得回弹曲线 2。此时，土并不能完全恢复至其压缩前的状态，则不能恢复的这部分变形成为残余变形，这是由于土不是理想的弹性体，而是弹塑性体。如果再重新加载则又可得再加载曲线 3，与第一次加载曲线 1 有连续趋势。

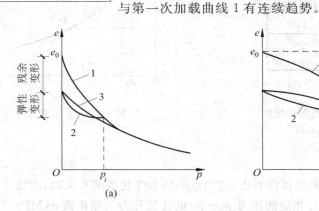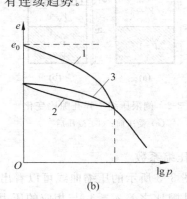

图 3-4　土的加、卸荷曲线

(a) e-p 曲线；(b) e-$\lg p$ 曲线

2. 载荷试验确定土的变形模量

土的压缩性指标除室内试验测定外，也可以通过现场原位测试确定，由变形模量表示。土体在无侧限条件下应力与应变的比值，在现场原位测得称为变形模量。它能比较综合地反映土在天然状态下的压缩性。通常现场试验表明，地基变形处于近似的直线阶段，因而可用弹性力学公式反求地基土的变形模量 E_0：

$$E_0 = \omega(1-\nu^2)\frac{p_1 b}{S_1} \tag{3-6}$$

或

$$\frac{1-\nu^2}{E_0} = \frac{S_1}{\omega p_1 b}$$

式中 ω——沉降影响系数,与试验条件有关,对于刚性方压板,$\omega = 0.88$;对于刚性圆压板,$\omega = 0.79$;

ν——土的泊松比,对于黏土,$\nu = 0.25 \sim 0.42$;

b——试验承压板的边长或直径;

p_1——地基的比例界限荷载;

S_1——与 p_1 相对应的沉降,当 p_1 不能明确确定时,对低压缩性土和砂土,取 $S_1 = (0.010 \sim 0.015)b$,所对应的荷载取为 p_1;对中、高压缩性土,取 $S_1 = 0.02b$,所对应的荷载取为 p_1,代入式(3-6)计算 E_0。

由于试验约束条件不同,土的变形模量 E_0 与土的压缩模量 E_s 是不相同的。但根据理论研究,二者是可以互相换算的,换算关系如下:

> **重点提示:**
> 土的变形模量 E_0 与土的压缩模量 E_s,由于试验约束条件不同而不相同,但可以通过理论公式互相换算。

$$E_0 = \left(1 - \frac{2\nu^2}{1-\nu}\right)E_s \tag{3-7}$$

令 $\beta = 1 - \dfrac{2\nu^2}{1-\nu}$,则 $E_0 = \beta E_s$。

3.1.2 地基变形特征及地基变形允许值

地基变形特征可分为以下四种:

(1) 沉降量,是指基础中心的沉降量 S。

(2) 沉降差,是指两相邻单独基础的沉降量的差值,$\Delta S = S_1 - S_2$。

(3) 倾斜,是指基础倾斜方向两端点的沉降差与其两端距离的比值,$\dfrac{S_1 - S_2}{b}$。

(4) 局部倾斜,是指承重结构沿纵墙 $6 \sim 10\text{m}$ 内基础两点间的沉降差与其距离的比值,$\dfrac{S_1 - S_2}{l}$。

建筑物的地基变形计算值应小于规范允许的地基变形值。

3.2 地基沉降计算

3.2.1 分层总和法

分层总和法是在地基压缩层影响深度范围内,分层计算竖向压缩量,然后相加得地基最终变形值,如图 3-5 所示。取厚度为 ΔZ 的土层,在附加应力作用下该土层压缩了 ΔS,其应变 $\Delta \varepsilon$ 可以写成

$$\Delta\varepsilon = \frac{\Delta S}{\Delta Z} = \frac{e_1 - e_2}{1 + e_1}$$

于是有

$$\Delta S = \frac{e_1 - e_2}{1 + e_1} \cdot \Delta Z$$

整个土层的压缩量

$$S = \sum \Delta S = \sum \frac{e_1 - e_2}{1 + e_1} \Delta Z \qquad (3\text{-}8)$$

引入压缩模量 $E_s = \dfrac{\Delta p}{\Delta\varepsilon}$，则

$$E_s = \frac{(p_2 - p_1)(1 + e_1)}{e_1 - e_2}$$

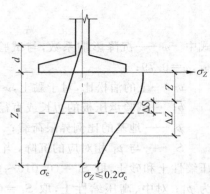

图 3-5　分层总和计算法

代入式(3-8)得

$$S = \sum \frac{p_2 - p_1}{E_s} \Delta Z = \sum \frac{\bar\sigma_z}{E_s} \Delta Z \qquad (3\text{-}9)$$

式中，p_1 为土的自重应力，p_2 取土的自重应力与附加应力之和，$p_2 - p_1$ 为附加应力，计算取各土层的平均附加应力，用 $\bar\sigma_z$ 表示。

分层厚度 ΔZ 越细，计算越精确。为方便计算，分层厚度可取 $0.4b$（b 为基底短边长度），土的天然层面应作为一个分层面，压缩层深度 Z_n 由附加应力 σ_z 取自重应力 σ_c 的 1/5（一般土）或 1/10（软土）时决定。

3.2.2　规范方法

《建筑地基基础设计规范》（GB 50007—2011）推荐的计算地基最终沉降量方法，其特点如下：

（1）以地基土天然层面分层；

（2）引入平均附加应力系数；

（3）压缩层深度采用相对变形为控制标准；

（4）引入沉降计算经验系数以调整理论计算值。

3.3　太沙基一维固结公式

在工程应用中，土孔隙中的水随时间迁移而逐渐被挤出，孔隙体积缩小，这一过程称为土的渗透固结。太沙基对单向固结的理论推导得出与时间相关的一维固结度表达式为

> **重点提示：**
>
> 　　土孔隙中的水在外力作用下随时间的迁移而逐渐被挤出，孔隙体积减小，这一过程称为土的渗透固结。

$$U_v = 1 - \frac{8}{\pi^2}\left(e^{-\frac{\pi^2}{4}T_v} + \frac{1}{9}e^{-\frac{9\pi^2}{4}T_v} + \cdots\right)$$

由于式中级数收敛很快，通常取第一项作为简化公式

$$U_v = 1 - \frac{8}{\pi^2}e^{-\frac{\pi^2}{4}T_v} \qquad (3\text{-}10)$$

式中　U_v——固结度，$0<U_v<1$；

　　　T_v——竖向固结的时间因数，$T_v=\dfrac{C_v t}{H^2}$；其中，C_v 为竖向固结系数，$C_v=\dfrac{k_v(1+e_m)}{a\gamma_w}$，

mm^2/a；k_v 为土的竖向渗透系数，mm/a；e_m 为土的平均孔隙比，$e_m=\dfrac{e_1+e_2}{2}$；a 为土的压缩系数，mm^2/N；γ_w 为水的重力密度，$\gamma_w\approx10\times10^{-6}N/mm^3$；$t$ 为固结时间，a；H 为土层最远的排水距离，mm；

　　　e——自然对数底，$e=2.718$。

例 3-1　有饱和黏土层厚 $H=10m$，单面排水孔隙比 $e_1=1.0$，$e_2=0.9$，压缩系数 $a=0.5MPa^{-1}$，$k_v=7.5mm/a$，顶面附加应力 $p_a=0.2N/mm^2$，底面附加应力 $p_b=0.1N/mm^2$，土在自重应力下已完成固结。试求在附加应力下固结度达 90% 时所需时间及相应的沉降量。

解　竖向固结系数

$$C_v=\frac{k_v(1+e_m)}{a\gamma_w}=\frac{7.5\times\left(1+\dfrac{0.9+1}{2}\right)}{0.5\times10\times10^{-6}}mm^2/a\approx3\times10^6\,mm^2/a$$

根据 $U_v=90\%$，$V=\dfrac{p_a}{p_b}=\dfrac{0.2}{0.1}=2$，查规范中的相关曲线图得 $T_v=0.82$，故所需时间

$$t_v=\frac{H^2 T_v}{C_v}=\frac{(10\,000)^2\times0.82}{3\times10^6}a=27a$$

该层土的最终固结沉降量

$$S=\frac{e_1-e_2}{1+e_1}H=\frac{1-0.9}{1+1}\times10\,000\,mm=500mm$$

相应 90% 的沉降量

$$S_1=0.9\times500\,mm=450mm$$

3.4　城市地面下沉

　　地面沉降又称为地面下沉或地陷。它是在人类工程经济活动影响下，由于地下松散地层固结压缩，导致地壳表面标高降低的一种局部的下降运动（或工程地质现象）。城市地面下沉是一种很严重的灾害，会造成建筑破坏，引起海水倒灌，带来巨大经济损失。笔者曾对上海地面下沉课题进行了深入研究，认为工业城市地面下沉，主要是因为过度抽汲地下水，造成地层内力重新分布，有效应力增加，使土层压缩变形。

3.4.1　沉降类型

　　地面沉降分为构造沉降、抽水沉降和采空沉降三种类型。

　　(1) 构造沉降，由地壳沉降运动引起的地面下沉现象。

　　(2) 抽水沉降，由于过量抽汲地下水（或油、气）引起水位（或油、气压）下降，在欠固结或

半固结土层分布区,土层固结压密而造成的大面积地面下沉现象。

(3) 采空沉降,因地下大面积采空引起顶板岩(土)体下沉而造成的地面碟状洼地现象。中国出现这种地面沉降的城市较多。

按发生地面沉降的地质环境可分为三种模式。

(1) 现代冲积平原模式,如中国的几大平原。

(2) 三角洲平原模式,尤其是在现代冲积三角洲平原地区,如长江三角洲就属于这种类型。常州、无锡、苏州、嘉兴、萧山的地面沉降均发生在这种地质环境中。

(3) 断陷盆地模式,它又可分为近海式和内陆式两类。近海式指滨海平原,如宁波;而内陆式则为湖冲积平原,如西安市、大同市的地面沉降。

3.4.2　中国现状

"目前,中国在19个省份中超过50个城市发生了不同程度的地面沉降,累计沉降量超过200mm的总面积超过7.9万km^2。"2011年12月,国土资源部地质环境司副司长陶庆法表示,"地面沉降的重灾区主要是长江三角洲地区、华北平原和汾渭盆地这三个区域。"

中国地质调查局公布的《华北平原地面沉降调查与监测综合研究》及《中国地下水资源与环境调查》显示:华北平原不同区域的沉降中心有连成一片的趋势;长江区最近30多年累计沉降超过200mm的面积近1万km^2,占区域总面积的1/3。其中,上海市、江苏省的苏州、无锡、常州三市开始出现地裂缝等地质灾害。

以下简要介绍几座地面沉降较严重的城市。

(1) 上海市　从1921年发现地面下沉开始,到1965年止,最大的累计沉降量已达2.63m,影响范围达400km^2。有关部门采取了综合治理措施后,市区地面沉降已基本上得到控制。在1966—1987年的22年间,累计沉降量36.7mm,年平均沉降量为1.7mm。

(2) 天津市　在1959—1982年间最大累计沉降量为2.15m。1982年测得市区的平均沉降量为94mm。目前,最大累计沉降量已达2.5m,沉降量100mm以上的范围已达900km^2。

(3) 北京市　自20世纪70年代以来,北京的地下水位平均每年下降1~2m,最严重的地区水位下降可达3~5m。地下水位的持续下降导致了地面沉降。有的地区(如东北部)沉降量为590mm。沉降总面积超过600km^2。而北京城区面积仅440km^2,也就是说,沉降范围已波及郊区。

(4) 西安市　地面沉降发现于1959年,1971年后随着过量开采地下水而逐渐加剧。1972—1983年,最大累计沉降量为777mm,年平均沉降量30~70mm的沉降中心有5处。1983年后,西安市地面沉降趋于稳定发展,部分地区还有减缓的趋势。到1988年最大累计沉降量已达1.34m,沉降量100mm的范围达200km^2。

(5) 据深圳新闻网深圳论坛发布的《深圳市2001年以来地面塌陷事故地图》,深圳市自2001年以来共发生39次路面坍塌事故。

3.4.3　规划获批

2012年2月20日,中国首部地面沉降防治规划获得国务院批复,此举意味着全国范围

内的地面沉降防治已经提上议程。此规划由国土资源部、水利部会同国家发改委、财政部等
10部委联合编制。

防控地面沉降的主要措施就是防控地下水位的下降,现在有了全国的规划,加强这些重
点区域、重点的交通干线上的监测,使预警工作联防联控。

我国首部地面沉降防治规划重点任务主要涉及地下水资源管理和地面沉降区监测、防
控。规划指出,要加强在重点沉降地区划定地下水开发红线、实施地下水治理工程。2015
年已初步建立主要地面沉降区监测网络,2020年要完成全国地面沉降调查,并建立全国监
测网络,使地面沉降恶化趋势得到有效控制。

思考题

1. 试述土的压缩性及引起土压缩的原因。
2. 土的压缩性指标有哪些?
3. 试验用的压缩仪由哪几部分组成?

习题

一、选择题

1. 评价地基土压缩性高低的指标是(　　　)。
   A. 压缩系数　　　　　　　　　　　　B. 沉降影响系数
   C. 固结系数　　　　　　　　　　　　D. 渗透系数

2. 在饱和土的排水固结过程中,若外荷载不变,则随着土中有效应力 σ' 的增加,
(　　　)。
   A. 孔隙水压力 u 相应减少　　　　　B. u 相应增加
   C. 总应力 σ 相应增加　　　　　　D. 总应力 σ 相应减少

3. 土的变形模量可通过(　　　)试验来测定。
   A. 压缩　　　　　B. 渗透　　　　　C. 载荷　　　　　D. 剪切

4. 土的压缩变形主要是由土中的(　　　)引起的。
   A. 总应力　　　　B. 孔隙应力　　　　C. 有效应力　　　　D. 孔压力

二、判断改错题

1. 土体的固结时间与其透水性无关。(　　　)

2. 在室内压缩试验过程中,土样在产生竖向压缩的同时也将产生侧向膨胀。(　　　)

3. 在饱和土的固结过程中,孔隙水压力不断消散,总应力和有效应力不断增加。(　　　)

4. 随着土中有效应力的增加,土粒彼此进一步挤紧,土体产生压缩变形,土体强度随之
提高。(　　　)

三、计算题

1. 在一黏土层上进行荷载试验,从绘制的 $p\text{-}S$ 曲线上得到比例界限荷载 p_1 及相应的

沉降值 S_1 为：$p_1 = 180\text{kPa}$，$S_1 = 20\text{mm}$。已知刚性圆形压板的直径为 0.6m，土的泊松比 $\mu = 0.3$，试确定地基土的变形模量 E_0。

2. 对一黏性土试样进行侧限压缩试验，测得当 $p_1 = 100\text{kPa}$ 和 $p_2 = 200\text{kPa}$ 时土样相应的孔隙比为 $e_1 = 0.932$，$e_2 = 0.885$。试计算 a_{1-2} 和 E_{s1-2}，并评价该土的压缩性。

3. 在粉质黏土层上进行载荷试验，从绘制的 $p\text{-}S$ 曲线上得到比例界限荷载 p_1 及相应的沉降值 S_1 为：$p_1 = 150\text{kPa}$，$S_1 = 16\text{mm}$。已知刚性方形压板的边长为 0.5m，土的泊松比 $\mu = 0.25$，试确定地基土的变形模量 E_0。

第4章

土的抗剪强度

4.1 土的抗剪强度

土体的破坏通常都是剪切破坏,这是因为土体是由固体颗粒所组成的,颗粒之间的联结强度远小于颗粒本身的强度。可以说,土的强度问题的实质就是土的抗剪强度问题。

土的抗剪强度是指土体抵抗剪切破坏的极限能力。若土体内某一部分的剪应力达到土的抗剪强度,该部分就开始出现剪切破坏。随着荷载的增加,剪切破坏范围逐渐扩大,导致土体形成连续滑动面,土体被破坏而丧失稳定性,如图 4-1 所示。

> **重点提示:**
> 土的破坏通常是剪切破坏,因此,土的强度问题的实质就是土的抗剪强度问题。

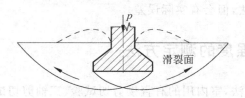

图 4-1 地基剪切破坏示意图

4.1.1 库仑公式

库仑(Coulomb)根据试验资料,提出了抗剪强度公式,将土的抗剪强度 τ 表达为与滑动面上法向应力 σ 成正比的线性公式:

$$\tau = c + \sigma\tan\varphi \tag{4-1}$$

式中 σ——剪切滑动面上法向应力,kPa;

c——黏聚力,kPa;

φ——土的内摩擦角,(°)。

式(4-1)可以用图 4-2 所示,其中,τ,σ 之间的关系是一条直线,φ 为直线与 σ 轴的夹角,c 为直线在 τ 轴上的截距。

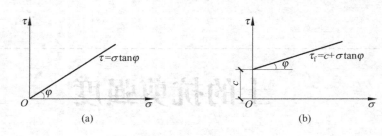

图 4-2　$\tau\text{-}\sigma$ 曲线

（a）无黏性土；（b）黏性土

　　由库仑公式可知，τ 并不是一个定值，而与剪切面上的法向应力成比例变化。无黏性土的抗剪强度只与摩擦力有关，而黏性土的抗剪强度由两部分组成：摩擦力和黏聚力。黏聚力 c 是由土粒间的胶结作用，结合水膜及分子引力形成。土粒越细，黏聚力也越大。

　　必须指出，土的抗剪强度不取决于剪切面上的法向总应力，而是取决于该面上的法向有效应力 σ'。若 σ 为总应力，孔隙水压力为 u，$\sigma' = \sigma - u$；c'，φ' 分别为有效黏聚力和有效内摩擦角，则有

$$\tau = c' + \sigma'\tan\varphi' = c' + (\sigma - u)\tan\varphi' \tag{4-2}$$

　　式（4-1）称为抗剪强度总应力法，式（4-2）称为抗剪强度有效应力法。由于总应力法无须测定孔隙水压力，工程上比较方便，多采用总应力法，但会有实际误差。

4.1.2　抗剪强度的测定方法

　　测定抗剪强度的方法，室内用的有直接剪切试验、三轴剪切试验、无侧限抗压试验，现场原位测定有十字板剪切试验。

　　1. 直接剪切试验

　　直接剪切试验是最常用的方法。试验采用直接剪切仪（简称直剪仪），主要部件见图 4-3。

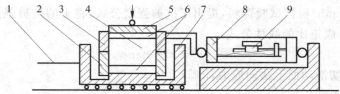

图 4-3　应变控制式直剪仪简图

1—轮轴；2—下盒；3—上盒；4—土样；

5—加压板；6—上、下透水石；7—底座；8—量力环；9—测微仪

试验时,先对正上、下剪切盒,用插销固定,将准备好的土样放入盒内,如图 4-3 所示。试验时,先拔去插销,加压 P 通过传压板传至土样,设试样的水平面积为 A,则剪切面上正应力 $\sigma = \dfrac{P}{A}$。固定上盒,将下盒缓慢加水平力 Q,下盒在滚珠上移动,此时在剪切面上产生剪应力 $\tau = \dfrac{Q}{A}$,其大小通过量力环测得。当 τ 增大到发生剪切破坏时,此时所测得的 τ 即是土样的抗剪强度。对同一种土,取四个试样,分别在不同垂直应力 σ 下剪切破坏,得到相应的 τ 值。以 σ 为横坐标,以 τ 为纵坐标,可得到关于 σ-τ 的曲线。

为了模拟现场可能的剪切条件,把直剪分为快剪、固结快剪和慢剪三种试验方法。

(1) 快剪。先将土试样的上下两面贴以不透水薄膜,使整个试验不让土样排水固结。在施加垂直压力后,快速施加水平剪力,在 $3 \sim 5\text{min}$ 内剪切破坏,可以认为土样来不及排水固结,得到相应的 c、φ 值。

(2) 固结快剪。在试样上施加垂直压力后,令其充分排水固结,固结稳定后,快速施加水平剪力,在 $3 \sim 5\text{min}$ 内剪切破坏,得到相应的 c、φ 值。

分析与思考:

1. 快剪、固结快剪、慢剪试验与实际的工程条件有何对应关系?

2. 直接剪切试验和三轴剪切试验的优缺点是什么?

(3) 慢剪。在试样上施加垂直压力及水平剪力。先加垂直荷载,让孔隙压力消散,再缓慢加水平剪力并有充分时间排水固结,直至剪切破坏。此法又称固结排水剪,得到相应的 c、φ 值。

直剪试验因设备简单,应用方便,被广泛使用,但存在着一些不足,主要有:

(1) 人为地限定剪切面,而不是真实的土样最弱的剪切面。

(2) 在剪切过程中,剪切面实际上逐渐缩小,应力分布不均匀。但在计算抗剪强度时是按土样的原截面积计算的,这其中有一定的误差。

2. 三轴剪切试验

三轴仪由压力室、轴向加荷机构、周围压力控制系统、孔隙水压力系统及试样体积变化量测仪器组成,如图 4-4 所示。

试验时,将圆柱体土样套入橡皮膜内,放入密封的受压室中,向室内压入液体,土样四周受到均匀的液压应力 σ_3,然后对土样加竖向应力 $\Delta\sigma_1$ 致使土样受剪破坏,此时 $\sigma_1 = \sigma_3 + \Delta\sigma_1$。当 σ_3 保持不变而 σ_1 逐渐增大时,相应的应力圆也不断增大,受剪破坏时的应力为极限应力。以 $(\sigma_1 - \sigma_3)$ 为直径,以 σ 为轴可以作不同的应力圆。用同一种土样的四个以上的试件分别进行三轴试验,每个试件加不同的 σ_3,分别得到不同的剪切破坏 σ_1,从而绘出一系列的摩尔圆,通过这些应力圆切点的直线是抗剪强度包线,得到相应的 c、φ 值(图 4-5)。

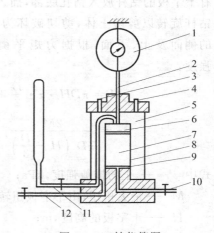

图 4-4 三轴仪简图

1—量力环;2—传力杆;3—注水孔;

4—排气孔;5—压力室;6—试样帽;

7—试样;8—橡皮膜;9—透水石;

10—孔隙水压力阀;11—排水阀;

12—周围压力系统

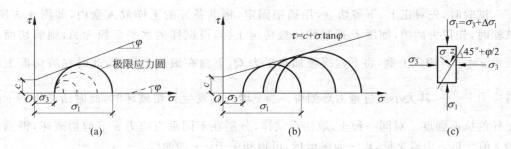

图 4-5　三轴剪切试验原理
（a）试验剪切过程；（b）极限应力圆；（c）应力状态

用三轴仪测定土样抗剪强度，土样在最弱处受剪破坏，是目前较完善和准确的测试仪器。它也分为非固结不排水剪切、固结不排水剪切和固结排水剪切三种试验。

3. 无侧限抗压试验

无侧限抗压试验是在试样无侧向压力及不排水条件下施加轴向压力至土样剪切破坏，剪切破坏时所能承受的最大轴向压力 q_u 称无侧限抗压强度。由于 $\sigma_3 = 0$，应力圆切于坐标原点，强度包线是一条与 σ 轴平行的线。此时 $\varphi = 0, \tau = \dfrac{q_u}{2}$。

无侧限压力仪设备简单、易于操作，在工程上常用来测定饱和软黏土的不排水抗剪强度。

4. 十字板剪切试验

十字板剪切常用于现场测定饱和软土的不排水抗剪强度，尤其适用于难以取样的软黏土。图 4-6 所示为常用的十字板仪，试验时，先钻孔到需要试验的深度以上 750mm 处，将装有十字板的钻杆放入钻孔底部，插入土中 750mm，施加扭转力矩使钻杆旋转以剪切土体，剪切破坏为十字板旋转所形成的圆柱土体的侧面及上、下面，根据力矩平衡条件可用下式求得土的抗剪强度：

$$M = \pi DH \cdot \tau \cdot \frac{D}{2} + 2 \times \frac{\pi D^2}{4} \cdot \tau \cdot \frac{D}{3}$$

$$\tau = \frac{2M}{\pi D^2 \left(H + \dfrac{D}{3} \right)} \tag{4-3}$$

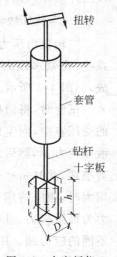

图 4-6　十字板仪

式中　τ——土的抗剪强度，kPa；

　　　M——最大扭矩，由十字板扭转仪测定，kN·m；

　　　H——十字板的高度，m；

　　　D——十字板的直径，m。

十字板剪切试验的优点是不需要取样的，对土的结构扰动小，仪器易于操作，从而被认为是目前测定饱和软黏土的抗剪强度的较好方法。

4.1.3　土的极限平衡

当土体中某一点上任一方向的剪应力达到土的抗剪强度 τ_f 时，称该点处于极限平衡状态。

由材料力学内容可知，土中某微元体上作用有主压应力 σ_1 及侧向主应力 σ_3 时，任意斜截面上的正应力 σ 与剪应力 τ 的大小可用摩尔圆表示，如图 4-7 所示，圆周上 A 点表示与水平线呈 α 角的斜截面，A 点在直角坐标 σ-τ 上有截距 σ，τ。由图 4-7 的三角关系可得

$$\sigma = \frac{1}{2}(\sigma_1 + \sigma_3) + \frac{1}{2}(\sigma_1 - \sigma_3)\cos 2\alpha \tag{4-4}$$

$$\tau = \frac{1}{2}(\sigma_1 - \sigma_3)\sin 2\alpha \tag{4-5}$$

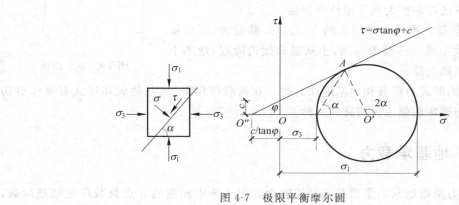

图 4-7　极限平衡摩尔圆

如果抗剪强度线 $\tau = \sigma\tan\varphi + c$ 与 A 点相切，则 A 点的剪应力等于抗剪强度，该点处于极限平衡状态。由图 4-7 所示的几何关系有

$$AO' = \frac{\sigma_1 - \sigma_3}{2}, \quad O''O' = \frac{\sigma_1 - \sigma_3}{2} + \sigma_3 + \frac{c}{\tan\varphi}$$

在 $\triangle AO'O''$ 中得

$$\sin\varphi = \frac{\sigma_1 - \sigma_3}{\sigma_1 + \sigma_3 + \dfrac{2c}{\tan\varphi}} \tag{4-6}$$

式(4-6)也可以表示为

$$\sigma_1 = \sigma_3\tan^2\left(45° + \frac{\varphi}{2}\right) + 2c\tan\left(45° + \frac{\varphi}{2}\right) \tag{4-7}$$

$$\sigma_3 = \sigma_1\tan^2\left(45° - \frac{\varphi}{2}\right) - 2c\tan\left(45° - \frac{\varphi}{2}\right) \tag{4-8}$$

在 $\triangle AO''O'$ 中 2α 是外角，$2\alpha = 180° - (90° - \varphi) = 90° + \varphi$。

式(4-6)~式(4-8)都表示土的极限平衡条件。

当抗剪强度直线不与摩尔应力圆相切而且不相交时，表示该点任何平面上的剪应力都小于抗剪强度，不发生剪切破坏。

4.2 地基变形和地基承载能力

4.2.1 地基变形阶段

通过载荷试验，可得图 4-8 所示曲线。该曲线表明，地基变形一般分为三个阶段：

（1）线性压密阶段。图 4-8 中所示的 Oa 段。此段荷载与沉降基本呈线性关系，地基变形主要是孔隙的减小，土体主要是压密变形。

（2）塑性变形阶段。图 4-8 中所示的 ab 段。荷载与沉降不呈直线关系，土中地基边缘处局部发生剪切破坏，随着荷载增加，剪切破坏区逐渐扩大成为塑性变形区。

（3）失稳阶段。图 4-8 中所示的 bc 段。荷载增大，沉降加速，塑性区扩大形成一连续滑动面，土从基础侧边隆起，地基土体剪切破坏，基础失稳。

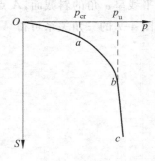

图 4-8 p-S 曲线

地基破坏的形式与荷载和地基埋深有关。在荷载作用下，地基的破坏形式有整体剪切破坏、局部剪切破坏和刺入剪切破坏三种。

4.2.2 地基承载力

地基承载力是指地基承受荷载压力的能力。图 4-8 中相应的 a 点荷载称为临塑荷载，以 p_{cr} 表示，b 点荷载是地基极限承载力 p_u。当地基压力到达 p_u 时，认为地基发生整体剪切破坏。

为了安全起见，在基础设计时，应把基底压力限制在一容许值之内，它称为地基承载力设计值，以 f 表示：

$$f = \frac{p_u}{K} \qquad (4-9)$$

式中　K——安全系数；

　　　p_u——极限承载力。

4.3 地基承载力的确定

4.3.1 由《建筑地基基础设计规范》（GB 50007—2011）确定

《建筑地基基础设计规范》（GB 50007—2011）规定应结合当地建筑经验综合考虑地基承载力：

（1）对一级建筑物采用载荷试验、理论计算及其他原位试验等方法综合确定。

（2）对二级建筑物，按室内试验、标准贯入、轻便触探、野外鉴定或原位试验确定。

（3）对三级建筑物，根据相邻建筑物经验确定。

4.3.2 由现场载荷试验确定地基承载力标准值

载荷试验承压板面积应为 $0.25 \sim 0.5 \mathrm{m}^2$，试验标高一般与基础埋深相同，开挖基坑，其宽度不小于承压板宽度或直径的 3 倍，注意保持试验土层的原状结构和天然湿度。荷载施加通过千斤顶结构经承压板传至地基，逐步加荷，通过系统可测得压力与沉降的 p-S 曲线，以此确定地基承载力。载荷试验确定的地基承载力是最可靠的标准值。

4.3.3 由触探试验确定地基承载力标准值

1. 动力触探

动力触探是将一定质量的锤从一定高度自由下落，将触探杆击入土中一定深度，以锤击数判断土的性质。

标准贯入试验方法是将穿心锤（63.5kg）从高度 76cm 处自由落下，贯入器击入土中 30cm 深度所需锤击数用 N 表示。轻便触探试验是将穿心锤（10kg）从高度 50cm 处自由落下，击入土中 30cm 深度所需的锤击数，用 N_{10} 表示。由 N 或 N_{10} 查《建筑地基基础设计规范》（GB 50007—2011）中相关的表求得土的承载力标准值 f_k(kPa)。

2. 静力触探

利用压力装置将装有金属触探头的探杆压入土中，探头内装电阻应变片，探头压入土中时，电阻应变片产生变形，可以测量出土对探头的阻力。土越软，阻力越小。根据贯入阻力的大小可确定土的承载力。

探头分单桥和双桥两种。单桥探头所测得的阻力是包括锥头阻力和侧壁摩擦力两者的总贯入阻力；而双桥探头可分别测锥头总阻力 Q 和侧壁总摩擦力 P。

4.3.4 由室内试验确定地基承载力标准值

《建筑地基基础设计规范》（GB 50007—2011）规定，根据室内物理指标平均值确定地基承载力标准值 f_k 时，按下式计算：

$$f_k = \varphi_f f_0 \tag{4-10}$$

式中 f_0——地基土性能指标的基本值，可从规范中相关表查得；

φ_f——回归修正系数。

4.3.5 由野外鉴定结果确定地基承载力标准值

对于岩石、碎石土等，由野外鉴别结果确定地基承载力标准值时应符合表 4-1、表 4-2

的规定。

表 4-1　岩石承载力标准值 f_k kPa

岩石类别 \ 风化程度	强风化	中等风化	微风化
硬质岩石	500～1 000	1 500～2 500	≥4 000
软质岩石	200～500	700～1 200	1 500～2 000

表 4-2　碎石土承载力标准值 f_k kPa

土的名称 \ 密实度	稍密	中密	密实
卵石	300～500	500～800	800～1 000
碎石	250～400	400～700	700～900
圆砾	200～300	300～500	500～700
角砾	200～250	250～400	400～600

思考题

1. 土的抗剪强度的公式如何表达？抗剪强度如何用坐标图表达？

2. 抗剪强度的测定方法有哪几种？其中直接剪切试验中的快剪、固结快剪、慢剪如何表述？

3. 什么是极限平衡状态？什么是土的极限平衡条件？

4. 试述地基变形的三个阶段，各有什么特点？

5. 地基承载能力的确定有哪几种方法？

6. 地基的临塑荷载、界限荷载、极限荷载的概念是什么？在工程上有何实用意义？

习题

一、选择题

1. 若土中某点应力状态的摩尔应力圆与抗剪强度包线相切，则表明土中该点（　　）。

　　A. 任一平面上的剪应力都小于土的抗剪强度

　　B. 某一平面上的剪应力超过了土的抗剪强度

　　C. 在相切点所代表的平面上，剪应力恰好等于抗剪强度

　　D. 在最大剪应力作用面上，剪应力恰好等于抗剪强度

2. 影响土的抗剪强度的因素中，最重要的因素是试验时的（　　）。

　　A. 排水条件　　　　B. 应力状态　　　　C. 剪切速率　　　　D. 应力历史

3. 饱和黏性土的抗剪强度指标（　　）。

　　A. 与排水条件有关　　　　　　　　　　B. 与基础宽度有关

C. 与孔隙水压力变化有关　　　　　　D. 与试验时的剪切速率无关

4. 一个密砂和一个松砂饱和试样,进行三轴不固结不排水剪切试验,在破坏时,试验中的孔隙水压力有何差异?(　　)

A. 一样大　　　　　B. 松砂大　　　　　C. 密砂大

二、判断改错题

1. 砂土的抗剪强度由摩擦力和黏聚力两部分组成。(　　)

2. 土的强度问题实质上就是土的抗剪强度问题。(　　)

3. 当饱和土体处于不排水状态时,可认为土的抗剪强度为一定值。(　　)

4. 破裂面与最大主应力作用线的夹角为 $45° + \dfrac{\varphi}{2}$。(　　)

三、计算题

1. 已知地基中某点受到最大主应力 $\sigma_1 = 700\text{kPa}$、最小主应力 $\sigma_3 = 200\text{kPa}$ 的作用,试求:

(1) 最大剪应力值及最大剪应力作用面与最大主应力的夹角;

(2) 作用在与最小主应力面成30°角的面上的法向应力和剪应力。

2. 某饱和黏性土无侧限抗压强度试验的不排水抗剪强度 $c_u = 70\text{kPa}$,如果对同一土样进行三轴不固结不排水试验,施加周围压力 $\sigma_3 = 150\text{kPa}$,问试件将在多大的轴向压力作用下发生破坏?

3. 某正常固结饱和黏性土试样进行不固结不排水试验,得 $\varphi_u = 0, c_u = 20\text{kPa}$,对同样的土进行固结不排水试验,得有效抗剪强度指标 $c' = 0, \varphi' = 30°$,如果试样在不排水条件下破坏,试求剪切破坏时的有效最大主应力和最小主应力。

第5章

工程地质勘察

5.1 工程地质勘察的任务和要求

工程地质勘察工作必须遵循基本建设的程序,走在设计和施工的前面。其目的是以各种有效的勘察手段、调查研究和分析评价建筑场地和地基的工程地质条件,为建筑物选址、设计和施工提供基本资料。

> **重点提示:**
>
> 工程地质勘察工作必须遵循基本建设的程序,它必须走在设计和施工的前面,提供建筑所用的基本资料。

工程地质勘察可取得下列资料:

(1) 建筑物场地地层分布状况,岩石或土层的类别和成因类型。

(2) 场地的地质构造,包括岩层的产状、褶曲类型、裂隙和断层情况,并查明岩层的风化程度。

(3) 现场或室内的岩土试验测定的岩土物理和力学性质指标。

(4) 场内地下水的类型、埋藏深度、动态和地下水的流向、流量及补给状况,水样的化学成分对混凝土的腐蚀性判断。

(5) 查明地质条件复杂情况,危及建筑安全的地质现象及危害程度。

在布置工程地质勘察工作时,应考虑下列三个方面的内容:

(1) 场地条件,包括抗震设防烈度和可能发生的地震异常、地质环境的破坏、地貌特征及已有的建筑经验资料。

(2) 地基土质条件,包括是否存在需要采取特别处理的极软弱非均质的地层、极不稳定的特殊土类,对已有的建筑经验是否进行补充性验证工作。

(3) 工程条件,包括建筑物的安全等级、建筑类型(超高层建筑、公共建筑、工业厂房等)、建筑的重要性和特殊性。

《岩土工程勘察规范》(GB 50021—1994)根据上述三方面情况,将岩土工程划分为一级、二级和三级三个等级。

工程地质勘察是分阶段进行的。工业与民用建筑工程的设计分为可行性研究、初步设计和施工图设计三个阶段;工程地质勘察相应地也分为选址勘察、初勘、详勘三个阶段。不同的阶段,勘察任务和内容是不同的。

勘察工作程序大体分为以下几个部分:

（1）先由设计或兴建单位按工程要求向勘察单位提出《工程地质勘察任务书》，以便制订工作计划。

（2）对地质条件复杂和范围较大的建筑场地应先到现场踏勘观察，进行工程地质测绘（用罗盘仪确定勘察点的位置，以图、照片及文字描述）。

（3）布置勘探点以及相邻勘探点组成的勘探线，采用坑探、触探、钻探、物探等手段，探明地下的地质情况，取得岩石、土体及地下水试样。

（4）室内或现场原位对土的物理力学指标进行测试和水质分析试验。

（5）整理分析勘察结果，对场地的工程地质条件做出评价，编制《工程地质勘察报告书》。

5.2　工程地质勘察的内容

5.2.1　可行性研究勘察

可行性研究阶段的勘察工作，主要侧重于搜集和分析区域地质、地形地貌、地震和附近地区的工程地质资料及当地的建筑经验。

5.2.2　初步勘察

场址确定好后，初步勘察（初勘）的任务在于查明建筑场地不良地质现象的成因、分布范围、危害程度及其发展趋势，以便避开不良地段，为总平面布置提供依据。

在地质测绘的基础上，对场址进行勘测，在地形平坦区，按方格网布置勘探点，详见《岩土工程勘察规范》。

5.2.3　详细勘察

详细勘察（亦称详勘）是针对具体建筑物地基的地质，为施工图设计和施工提供可靠的依据。详勘主要以勘探、原位测试和室内土工试验为主，勘探点的间距按规范确定。

详勘探孔的深度，当基础的宽度不大于 5m，又无软弱下卧层的影响时，条形基础一般可取 $3.0b$（b 为基础宽度），单独柱为 $1.5b$，但不应少于 5m（两层以下民用建筑除外）。

取试样和进行原位测试的井、孔数量，一般占勘探孔总数的 $1/2\sim2/3$，对一级建筑物，每幢不得少于 3 个；竖向间距，一般地基主要受力层内每隔 $1\sim2m$ 取一个试样，每一主要土层的试样数量不宜少于 6 个，同一土层的孔内原位测试数据不应少于 6 组。

5.2.4　勘察任务书

提交给勘察单位的工程勘察任务书应说明工程意图、设计阶段、现场或室内测试项目及勘察技术要求，同时提供勘察工作所需要的各种图表资料。

相应于初步设计阶段，在任务书中应说明工程的类别、规模、建筑面积及建筑物特殊要求、主要建筑物的名称、最大荷载、最大高度、基础最大埋深和重要设备等有关资料，并向勘察单位提供附有坐标的 1:1000～1:2000 比例的地形图，图上应划出勘察范围。

对于详细设计阶段，任务书中应说明建筑物上部结构的特点、层数、高度、跨度及地下设施情况，地面整平标高，基础类型、尺寸和埋深，单位荷重、总荷重，有特殊要求的地基基础设计和施工方案，提供附有坐标及地形的建筑平面布置图（比例 1:500～1:200）或单幢建筑物平面布置图。

5.3 工程地质勘察方法

5.3.1 测绘与调查

测绘的基本方法，是在地形图上布置一定数量的观察点和观察线，以便按点和线观测和描绘。

工程地质调查的目的是通过对场地的地形地貌、地层岩性、地质构造、地下水、地表水、不良地质现象进行调查研究，为评价场地工程地质条件及合理确定勘探工程提供依据。对建筑物场地的稳定性进行研究，是工程地质调查和测绘的重点。

5.3.2 勘察方法

常用的勘察方法有坑探、钻探和触探。

1）坑探

坑探是一种不必使用专门机具的勘察方法，是一种挖掘探井或槽的简单勘察方法。井的形状一般采用 1.5m×1.0m 的矩形，深度视地层的土质和地下水位条件而定，较深的井要进行坑壁支护。

在探井中取样时，先在井底的指定深度挖一土柱，土柱的直径必须稍大于取土筒的直径。将土柱顶面削平，放上两端开口的金属筒并削去筒外多余的土，一面削土一面将筒缓慢压入，直到筒已完全套入土柱后切断土柱。削平筒两端的土体，盖上筒盖，用熔蜡密封后贴上小标签，注明土样的上下方向，以备试验用。

2）钻探

钻探是用钻机在地层中钻孔，可以沿孔深取样，同时也可在孔内进行某些原位测试。

场地内布置钻孔，分为技术孔和鉴别孔两类。按不同的土层和深度采取原状土样的钻孔，称为技术孔。钻进时，仅取扰动土样，用以鉴别土层分布、厚度及状态的钻孔，称为鉴别孔。

原状土的采样常用取土器，它又可分为击入取土和压进取土两种形式。在一些地质条件简单的小型工程的简易勘察中，可采用小型麻花钻头，人力回转钻进取样。

3) 触探

触探法是将装在钻杆底端的探头打入或压入土中,由所受阻力的大小探测土层的工程性质。按其打入方式不同,分静力触探和动力触探。

静力触探设备中的关键部分是触探头。触探杆将探头匀速向土层压入时,探头附近一定范围内的土体对探头产生贯入阻力。一般而言,阻力大,土层性能好;反之,土层软弱。以此能评价土的工程性质。

触探的工作原理是:压入土中时,探头所受的阻力通过顶柱传到空心柱上部,使空心柱与贴在空心柱壁面上的电阻应变片一起拉伸变形,于是土的阻力转变成电信号通过电阻应变仪量测出来,如图 5-1 所示。

探头测得包括锥头阻力和侧壁阻力的总摩擦阻力 P_t(kN),除以探头最大截面积得到比贯入阻力 p_s(kPa),即

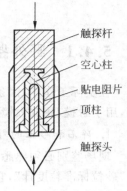

图 5-1 触探工作原理图

右侧标注:触探杆、空心柱、贴电阻片、顶柱、触探头

$$p_s = \frac{P_t}{A} \tag{5-1}$$

式中 A——探头最大截面积,cm²。

根据比贯入阻力 p_s 的大小可确定土的承载力、压缩模量 E_s 和变形模量 E_0。

动力触探是将标准质量的空心锤,以一定的高度自由下落,将探头贯入土中,然后记录贯入一定深度所需的锤击数 N,以此判断土的性质。N 值越大,土越密实。该触探称为标贯试验。动力触探的标贯有三种类型,即轻型、中型和重型,见表 5-1。

表 5-1 动力触探类型及性能标准

类型		锤的质量 /kg	落距 /cm	触 探 器	贯入深度 /cm	指标	触探杆外径 /cm
轻型		10	50	圆锥头,锥角60°,锥底面积 12.6cm²	30	N_{10}	2.50
中型		28	80	圆锥头,锥角60°,锥底面积 30cm²	10	N_{28}	3.35
重型	(1)	63.5±0.5	76±2	管式贯入器,外径51mm,内径35mm	30	$N_{63.5}$	4.20
	(2)			圆锥头,锥角60°,锥底面积 43cm²	10	$N_{63.5}$	4.20

标贯试验当钻杆长度超过 3m 时,考虑能量损失。采用的指标应乘以修正系数 α,锤击指标数,即标准贯入试验锤击数可表示为

$$N = \alpha N' \tag{5-2}$$

式中 N'——试验锤击数;

α——触探杆长修正系数,按表 5-2 查得。

表 5-2 触探杆长修正系数 α

触探杆长/m	≤3	6	9	12	15	18	21
α	1.00	0.92	0.86	0.81	0.77	0.73	0.70

动力触探的工程应用有:确定地基承载力,用 $N_{63.5}$ 判定砂土密度,用 $N_{63.5}$ 判定黏土的状态和无侧限抗压强度 q_u。

5.4　土的野外鉴别的描述

5.4.1　野外鉴别

在实际工作中，因条件所限，取土设备有困难时，野外鉴别很重要。鉴别方法是用眼观察，用手触摸，用放大镜等小器具帮助工作。

1. 碎石和砂土的野外鉴别

现场鉴别必须熟悉碎石土、砂土的特征，必须随身携带《工程地质手册》，砂土还可以借助"砂粒标准粒度计"，它是由一系列的砂粒粒组，按粗细顺序装在一根玻璃管而成的。鉴别时与标准粒度计中的已知粒组进行比较，估计其相对含量。

2. 粉土、黏性土的野外鉴别

粉土、黏性土的野外鉴别方法见表5-3和表5-4。

表5-3　黏性土与粉土的野外鉴别表述

鉴别方法 土名	干土状况	手搓时感觉	湿土状态	湿土手搓情况	刀切削湿土
黏土	坚硬，用锤才能打碎	极细的均质土块	可塑、滑腻，黏着性大	易搓成 $d < 0.5$mm长条，易滚成小球	切面光滑，不见砂粒
粉质黏土	手压土块可碎散	无均质感，有砂粒感	可塑、略滑腻，有黏性	能搓成 $d \approx 1.0$mm土条，能滚成小土球	切面平整，感有砂粒
粉土	手压土块散成粉末	土质不均，可见砂粒	稍可塑，不滑腻，黏性弱	难搓成 $d < 2.0$mm细条，滚成土球易裂	切面粗糙

表5-4　新近沉积黏性土的野外鉴别表述

沉积环境	颜色	结构性	含有物
河滩及部分山前洪冲积扇的表层，古河道、已填塞的湖塘沟谷及河道泛滥区	深而暗，呈褐栗、暗黄或灰色，含有机质较多时呈黑色	结构性差，用手扰动原状土样，显著变软，粉性土有振动流化现象	无自身形成的粒状结核体，但可含有一定外来钙质结核体及贝壳等。在城镇附近可能含有少量碎砖瓦片、陶瓷及朽木等人类遗物

5.4.2　土的野外描述

钻探法的钻孔记录中，除了鉴别各土层的名称外，还需要对每一土层进行详细描述，作为评价各土层工程性质好坏的重要依据，其描述内容有以下几方面。

1. 颜色

土的颜色由组成矿物成分决定，描述时从色在前，主色在后。如黄褐色，以褐色为主，带黄色。土中含氧化铁时呈红色或棕色；含大量有机质则呈黑色；含较多碳酸钙的高岭土呈白色。

2. 密度

根据钻进的难易，钻头提起后观察侧面并用手加压的感觉判别土的密度状况。在记录上应注明每一层土属于密实、中密或稍密状态。碎石土密实度野外鉴别见表5-5。

表5-5　碎石土密实度野外鉴别描述

密实度	骨架颗粒含量及排列	可　挖　性	可　钻　性
密实	骨架颗粒含量占总质量的70%，呈交错排列，连续互相接触	锹镐挖困难，撬方能松动，井壁一般稳定	钻进极困难；冲击钻探时，钻杆跳动剧烈、孔壁较稳定
中密	骨架颗粒含量占总质量的60%～70%，交错排列，大部分互相接触	铁镐可挖，井壁有掉块现象，从井壁取出大颗粒处，呈凹形	钻进较难；冲击钻探、钻杆跳动不大，孔壁有坍塌现象
稍密	骨架颗粒含量小于总质量的60%，排列混乱，大部分互相不接触	锹可挖，井壁易坍，从井壁取出大颗粒后，砂土立即坍落	钻进容易，冲击钻探、钻杆稍有跳动，孔壁易坍塌

3. 湿度

土的湿度分为干的、稍湿的、湿的与饱和的四种，具体按表5-6进行鉴别。

表5-6　土的湿度野外鉴别描述

土的湿度	鉴　别　方　法
干土	经过扰动的土，不能捏成团，放在手中，不湿手
稍湿	经扰动的土，不易捏成团，易碎成粉末；放在手中不湿手，感觉凉且是湿土
湿	经扰动的土，能捏成各种形状；放在手中会湿手，土面上滴水能慢慢渗入土中
饱和	滴水不能渗入土中，可看到空隙中的水发亮

4. 黏性土的稠度

黏性土的稠度是决定工程性质的重要指标，可根据表5-7的描述标准进行鉴别。

表5-7　黏性土状态的野外鉴别描述

黏性土状态	鉴别特征描述
坚硬	手钻很费力，难钻进，钻头取出土样用手捏不动，加力土不变形，只能破碎
硬塑	手钻较费力，钻头取出土样后，手捏用较大的力才略有变形，但即破碎
可塑	钻头取出的土样，手捏用力不大就可捏成各种形状
软塑	钻头取出的土样，尚能成形，手指按入极易，可把土捏成各种形状
流塑	钻进极易，钻头不易取出土样，取出的土不能成形，放在手中软而不易成块

5. 含有物

土中含有非本层土成分的其他物质，称为含有物。例如，碎砖、炉渣、植物根、有机质、贝壳、云母等，应注明含有物的大小和比例。

6. 其他

卵石与砂土应描述级配、砾石含量、最大粒径、主要矿物成分；黏性土则应描述断面形态、孔隙大小、粗糙程度、是否有层理等。

5.5　工程地质勘察报告

完成野外勘察工作和室内试验后，得到各种工程地质资料连同勘察任务委托书、建筑物规划平面布置图等资料，汇总、整理、分析、编制工程地质勘察报告，提供给设计与施工单位应用。报告包括的内容有文字部分和图表部分。

5.5.1　文字部分

（1）工程简介、勘察任务要求及工作概况。

（2）场地位置、地形地貌、地质构造、不良地质现象及地震基本烈度。

（3）场地的地层分布、岩土描述、均匀性、物理力学性质、地基承载力等指标。

（4）地下水的埋藏条件、侵蚀性以及土层的冻结深度。

（5）结论与建议：对各层土作为天然地基的稳定性与适宜性做出评价，推荐一个最佳方案。对软弱地基，提出采用加固处理方案的建议。

> **重点提示：**
>
> 　　工程地质勘察报告必须包括两部分内容：一部分是文字报告；另一部分是完整的图表。

5.5.2　图表部分

（1）勘察点平面位置图。

（2）钻孔柱状图，根据钻孔现场记录整理，注明所用的工具、方法。绘制柱状图时，应自上而下对地层进行编号和描述。

（3）工程地质剖面图。

（4）土的物理力学性试验总表。

对于重大工程，根据需要，应绘制综合工程地质图。

5.6　验槽

5.6.1　验槽的目的

当施工单位依据勘察报告开挖基槽完成后，应由勘察、设计、施工和使用单位四方技术代表共同到现场验槽，保证工程质量，防止工程事故。进行验槽的主要目的：

（1）检验钻孔与实际全面开挖的地基概况是否一致，考察勘察报告的建议和判断。

（2）根据开挖情况，解决发生的问题。

5.6.2　验槽的内容

（1）核对基槽开挖的平面位置与槽底标高是否与勘察、设计图纸要求相符，如有问题，提出新的施工方案。

（2）检验槽底持力层土质与勘察是否一致。

（3）当局部有古井、菜窖、坟穴出现时，应用钎探查明其平面范围与深度，采取加固措施。

（4）研究决定地基基础方案是否修改。

5.6.3　验槽时的注意事项

（1）清除虚土，验看新鲜土面。

（2）槽底在地下水位以下不深时，可在施工挖槽至水面验槽，验完槽再挖至设计标高。

（3）基槽挖好立即组织验槽，以免下雨泡槽、冬季冰冻等因素影响验槽质量。

（4）验槽前一般需做槽底打钎工作，现场经鉴别土质及地质状况，记录分析，提供给验槽时参考。

思考题

1. 工程勘察可取得哪些资料？在布置工程地质勘察时，应考虑哪三个方面的条件？

2. 工程地质勘察的内容有哪些？

3. 工程地质勘察的方法有哪些？触探又有哪几种？

4. 土的野外鉴别描述主要有哪些项目？根据什么来描述？黏性土野外状态有哪几种？

5. 工程地质勘察报告大体包括哪些内容？

6. 为何完成工程地质勘察报告后还要验槽？验槽的内容有哪些？要注意哪些事项？

第6章

土坡稳定及挡土墙

6.1 土坡稳定分析

土坡包括天然土坡和人工土坡。土坡的失稳一般有下列原因：

（1）土坡的荷载发生变化，例如坡顶堆放过重材料、车辆行驶、地震等因素。

（2）土体抗剪强度降低，如土体中含水率发生改变，孔隙水压力增加。

（3）雨水或地面水流入土坡中，促使土坡滑动。

（4）坡角挖方导致土坡高度或坡角增大。

6.1.1 砂类（无黏性）土的边坡稳定分析

砂类土之间无黏聚力，只有摩擦力，如图 6-1 所示。边坡角为 β，土的内摩擦角为 φ，取坡面 O 点的单元重力为 G，可求得：

坡面的滑动力 T，其值为

$$T = G\sin\beta$$

坡面的法向压力 N，其值为

$$N = G\cos\beta$$

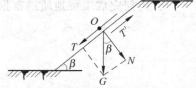

图 6-1　砂类土坡受力简图

由法向力 N 而引起摩擦力，它是方向与滑动力方向相反的抗滑力

$$T' = N\tan\varphi = G\cos\beta\,\tan\varphi$$

稳定安全系数 K 是抗滑力与滑动力的比值，即

$$K = \frac{T'}{T} = \frac{\tan\varphi}{\tan\beta} \tag{6-1}$$

式（6-1）中，当 $\beta=\varphi$ 时，$K=1$，边坡处于极限平衡状态；当 $\beta<\varphi$，即边坡坡角小于土的摩擦角时，$K>1$，边坡稳定；当 $\beta>\varphi$，$K<1$，则边坡失稳。一般取 $K=1.1\sim1.5$ 比较合适。

6.1.2 黏性土的土坡稳定分析方法

黏性土的土坡稳定分析常用的是 1922 年提出的瑞典条分法,该法假定为滑动破坏,滑动面为通过坡脚的圆弧曲面,如图 6-2 所示。

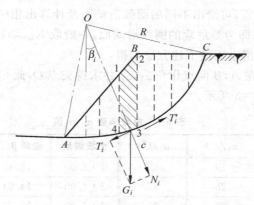

图 6-2 条分法分析土坡稳定

<table>
<tr><td>

重点提示:

黏性土的土坡稳定分析常用条分法。条分法的关键是用简捷可靠的方法确定圆弧滑动面,确定圆弧滑动面必须先确定滑动面的圆心。

</td><td>

具体讨论步骤如下:

(1) 取单位长度滑动条,划分相同宽度的若干竖向土条,取一土条 1234 进行力学分析。

(2) 一土条的土条重力为 G_i。

切向力
$$T_i = G_i \sin\beta_i \tag{6-2}$$

法向力
$$N_i = G_i \cos\beta_i \tag{6-3}$$

</td></tr>
</table>

各土条对圆心 O 的滑动力矩 $M_s = \sum\limits_{i=1}^{n} T_i R$,抗滑力矩由两部分组成,即 N_i 引起的摩擦力对圆心的抗滑力矩 M_{r1} 及由黏聚力产生的抗滑力矩 M_{r2}:

$$M_{r1} = \sum_{i=1}^{n} T'R = \sum_{i=1}^{n} N_i \tan\varphi R \tag{6-4}$$

$$M_{r2} = \sum_{i=1}^{n} cl_i R \tag{6-5}$$

(3) 由此可得黏性土的稳定系数

$$K = \frac{M_{r1} + M_{r2}}{M_s} = \frac{\sum\limits_{i=1}^{n} G_i \cos\beta_i \tan\varphi R + \sum\limits_{i=1}^{n} cl_i R}{\sum\limits_{i=1}^{n} T_i R} = \frac{\sum\limits_{i=1}^{n} G_i \cos\beta_i \tan\varphi + \sum\limits_{i=1}^{n} cl_i}{\sum\limits_{i=1}^{n} T_i} \tag{6-6}$$

式中 φ——土的内摩擦角标准值,(°);

β_i——土条弧面的切线与水平线的夹角,(°);

c——土条的黏聚力标准值，kPa；

l_i——土条的弧面长度，m；

G_i——土条的重力标准值，kN，$G_i = \gamma b_i h_i$；

b_i——土条宽度，m；

h_i——土条高度，m。

（4）当变换弧心位置，可绘出不同的圆弧滑动面及计算出相应的稳定安全系数 K，取其中 K_{min} 所对应的滑动面即为最危险的圆弧滑动面，一般取 $K_{min} \geqslant 1.2$。

（5）最危险的圆弧滑动面按下述方法求得：

① 按表 6-1，分别在 A，B 两点作角 α_1，α_2 并求得交点 O，此 O 点可作为 $\varphi = 0$ 时圆弧滑动面的圆心位置，如图 6-3 所示。

表 6-1　由坡角查 α_1，α_2 值

土坡坡度	坡角 $\beta/(°)$	$\alpha_1/(°)$	$\alpha_2/(°)$	土坡坡度	坡角 $\beta/(°)$	$\alpha_1/(°)$	$\alpha_2/(°)$
1：0.58	60.00	29	40	1：3.00	18.45	25	35
1：1.00	45.00	28	37	1：4.00	14.04	25	36
1：1.50	33.69	26	35	1：5.00	11.31	25	37
1：2.00	26.57	25	35				

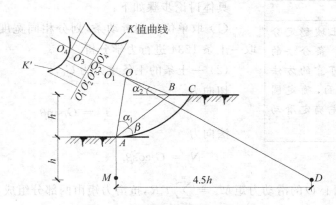

图 6-3　危险滑动圆弧中心的确定

② 由坡脚 A 点铅垂向下截取 h 得 M 点，由 M 点水平向右 $4.5h$ 处得 D 点，连接 DO，并画延长线，当 $\varphi > 0$ 时，圆心应在延长线附近位置。

③ 分别作圆心为 O_1，O_2，O_3，…的圆弧滑动面，并计算相应的稳定安全系数 K_1，K_2，K_3，…。

④ 取最小 K_i 值的圆心，即图 6-3 中的 O_2 点作 DO 的垂线，在垂线上再分别取圆心 O_1'，O_2'，O_3'，…并计算相应的 K_1'，K_2'，K_3'，…。取 K_{min}' 所对应的圆心，即图 6-3 中的 O_4' 作出的滑动面即为最危险的圆弧滑动面。

采用条分法，手算比较烦琐，已有计算机软件将计算程序化，应用程序进行计算就比较方便了。

6.1.3 边坡的开挖及坡顶上的建筑位置

在山坡整体稳定时,边坡开挖的坡度应符合表 6-2 规定的允许值。稳定土坡顶上建造建筑物,基础与坡顶距离不应太近,以免基底压力扩散而对稳定边坡产生不利影响。

表 6-2 土边坡坡度允许值

土类别	密实状态	坡度允许值(高宽比)	
		坡高 5m 内	坡高 5～10m
碎石土	密实	1:0.35～1:0.50	1:0.50～1:0.75
	中密	1:0.50～1:0.75	1:0.75～1:1.00
	稍密	1:0.75～1:1.00	1:1.00～1:1.25
粉土	$S_r \leqslant 0.5$	1:1.00～1:1.25	1:1.25～1:1.50
黏性土	坚硬	1:0.75～1:1.00	1:1.00～1:1.25
	硬塑	1:1.00～1:1.25	1:1.25～1:1.50

当基础宽度 $b \leqslant 3m$ 时,基础底面外边缘至坡顶的水平距离 a 应符合下式要求,并且不得小于 2.5m。

条形基础

$$a \geqslant 3.5b - \frac{d}{\tan\beta}$$

矩形基础

$$a \geqslant 2.5b - \frac{d}{\tan\beta} \tag{6-7}$$

式中 d——基底到边坡顶的标高。

当 $\beta > 45°$,边坡高度 $h > 8m$ 时,即使 a 满足上述要求,也应进行坡体稳定验算。

例 6-1 某饭店施工时,基槽边坡高度 6.5m,坡顶安放吊装机械,其基础宽度 2m,离边坡顶 2.4m,坡脚至坡顶水平距离 4.6m。已知吊装机械沿边坡顶长度每米的荷载重为 375kN,土坡实测天然重度 $\gamma = 19kN/m^3$,$\varphi = 23°$,$c = 34kPa$,试验算该基槽边坡的稳定性。

解 取滑动面弧通过如图 6-4 所示的 A,C 两点决定的圆心 O,OC 即为滑动圆的半径,经计算 $R = 10m$,取土条 $b = \frac{R}{10} = 1m$。按图 6-4 所示的几何图形,滑动土体共分 9 个土条。由 $\sin\frac{\alpha}{2} = \frac{\overset{\frown}{AC}}{2} = 0.55$,$\frac{\alpha}{2} = 33.4°$,得圆心角 $\alpha = 66.8°$。于是弧长 $\overset{\frown}{AC} = \frac{R\pi\alpha}{180} = 11.73m$。吊装机械的基础在第 8、9 列土条上,则每个土条上的吊装荷载为 187.5kN。取边坡长 1m 进行计算,数据如

表 6-3 所示。

表 6-3 例 6-1 表

编号	土条重量 Q_i/kN	$\sin\alpha_i$	切向力 $T_i = Q_i\sin\alpha_i$	$\cos\alpha_i$	法向力 $N_i = Q_i\cos\alpha_i$	$\tan\varphi$	$N_i\tan\varphi$	黏聚力 $/\mathrm{kN}$
1	$\gamma h_1 = 13.3$	0.1	1.3	0.995	13.2	0.43	5.6	
2	$\gamma h_2 = 38.0$	0.2	7.6	0.980	37.2	0.43	15.8	
3	$\gamma h_3 = 58.7$	0.3	17.7	0.954	56.2	0.43	23.9	
4	$\gamma h_4 = 79.8$	0.4	31.9	0.917	73.2	0.43	31.1	$34 \times 11.73 \times 1.0$ $= 398.82$
5	$\gamma h_5 = 95.0$	0.5	47.5	0.866	82.3	0.43	34.9	
6	$\gamma h_6 = 87.4$	0.6	52.4	0.800	69.9	0.43	29.7	
7	$\gamma h_7 = 72.2$	0.7	50.0	0.714	51.6	0.43	21.9	
8	$\gamma h_8 + 187.5 = 236.9$	0.8	189.5	0.600	142.1	0.43	60.3	
9	$\gamma h_9 + 187.5 = 206.5$	0.9	185.9	0.436	90.0	0.43	38.2	
合计			584.3				261.4	

稳定安全系数

$$K = \frac{M_R}{M_T} = \frac{R\left(\tan\varphi\sum_{i=1}^{9}Q_i\cos\alpha_i + cbL\right)}{R\sum_{i=1}^{9}Q_i\sin\alpha_i} = \frac{261.4 + 398.82}{584.3} \approx 1.13$$

$K = 1.13$，满足临时施工吊装要求。

6.2 挡土墙

1. 挡土墙类型

挡土墙是阻止坍塌的构筑物，有重力式挡土墙、钢筋混凝土挡土墙、锚杆式挡土墙、锚定板挡土墙、板桩墙等类型，如图 6-5 所示。

（1）重力式挡土墙主要靠墙的自重保持稳定，材料常用块石、砖、素混凝土筑成，墙背有俯斜、垂直和仰斜三种，多用于墙高 $H < 5\mathrm{m}$ 的挡土墙。

（2）钢筋混凝土挡土墙又可分为悬臂式和扶壁式两种，墙的稳定靠墙脚踵悬壁上的土重，拉应力由钢筋承担，适用于墙高大于 5m 的情况。

（3）锚杆式挡土墙由钢筋混凝土墙板及锚固于稳定土层中的钢锚杆组成，用于边坡支护。

（4）锚定板挡土墙是由钢筋混凝土墙板、钢拉杆与锚定板组成，用于护岸与护坡工程。

（5）板桩墙是开挖深基坑时的一种临时性支护结构。

> **重点提示：**
>
> 挡土墙是阻止坍塌的构筑物，有重力式挡土墙和钢筋混凝土挡土墙多种。重力式挡土墙主要靠墙的自重保持稳定。

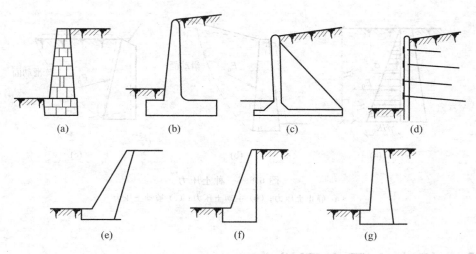

图 6-5 挡土墙类型

（a）重力式挡土墙；（b）悬臂式挡土墙；（c）扶壁式挡土墙；

（d）锚杆式挡土墙；（e）仰斜；（f）垂直；（g）俯斜

2. 三种土压力

1）静止土压力

一般挡土墙的刚度很大，在土压力作用下不向任何方向移动或转动而保持原来的位置，此时作用在墙背上的土压力称为静止土压力。

> **重点提示：**
>
> 挡土墙上的土压力有三种：①静止土压力 E_0；②主动土压力 E_a；③被动土压力 E_p。
>
> 三种土压力大小的次序排列是
>
> $$E_a < E_0 < E_p$$

静止土压力 p_0（kPa）等于在自重作用下无侧向变形时的水平向应力 σ_x（图 6-6（a））。

$$p_0 = \sigma_x = K_0 \sigma_z = K_0 \gamma z \qquad (6-8)$$

式中 K_0——静止土压力系数，一般按 $K_0 = 1 - \sin\varphi$ 计算；

γ——填土的重度，kN/m^3；

z——计算土压力点的深度，从填土表面算起，m。

静止土压力沿墙高呈三角形分布。对挡土墙沿纵向取单位长度 1m 计算，则静止土压力的合力为 E_0（kN/m），作用在距离墙底 1/3 墙高处。

$$E_0 = \frac{1}{2} \gamma H^2 K_0 \qquad (6-9)$$

式中 H——挡土墙墙高，m。

2）主动土压力

挡土墙在墙后土压力作用下向前移动或转动，土随着下滑。当达到一定位移时，墙后土体达到极限平衡状态。此时作用在墙背上的土压力称为主动土压力，用 E_a 表示（图 6-6（b））。

3）被动土压力

挡土墙在外力作用下向后移动或转动，使墙后土体向后位移（图 6-6（c）），当位移在某一时刻，墙后土体处于极限平衡状态，此时作用在墙背上的土压力 E_p 称为被动土压力。

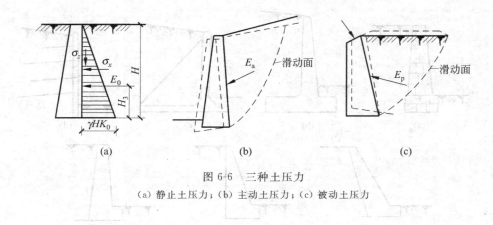

图 6-6 三种土压力

(a) 静止土压力；(b) 主动土压力；(c) 被动土压力

6.3　朗肯土压力理论

1857 年，英国学者朗肯（Rankine）提出土体极限平衡条件下的土压力理论。朗肯假设，表面水平的半无限体处于极限平衡状态，墙背处没有摩擦力，土体的竖直面和水平面没有剪应力。由此竖直方向和水平方向的应力即为主应力，竖直方向的应力是土的竖向自重应力，水平方向则是静止土压力。墙背为主应力面，由上述假设，该理论的适用条件为

（1）挡土墙墙背垂直；

（2）墙后填土表面水平；

（3）挡土墙背面光滑，忽略摩擦力和剪应力，墙背为主应力面。

6.3.1　主动土压力

挡土墙向前移动或转动时，墙后填土逐渐变松，相当于土体的侧向压力 σ_x 逐渐减少，达到极限平衡条件时 σ_x 为最小值，即主动土压力强度 σ_a。由极限平衡条件可知 $\sigma_x=\sigma_3$ 为最小主应力，$\sigma_z=\sigma_1$ 为最大主应力，由式（4-8）得

$$\sigma_a = \sigma_3 = \gamma z \tan^2\left(45° - \frac{\varphi}{2}\right) - 2c\tan\left(45° - \frac{\varphi}{2}\right) = \gamma z K_a - 2c\sqrt{K_a} \qquad (6\text{-}10)$$

式中　σ_a——主动土压力强度，kPa；

K_a——主动土压力系数，$K_a = \tan^2\left(45° - \frac{\varphi}{2}\right)$；

γ——填土重度，kN/m^3，地下水位下用 γ'；

c——填土的黏聚力，kPa；

z——从挡土墙顶算起的深度，m。

主动土压力合力为土压力强度分布图面积，如图 6-7 所示。

无黏性土

$$E_a = \frac{1}{2}\gamma H^2 K_a \qquad (6\text{-}11)$$

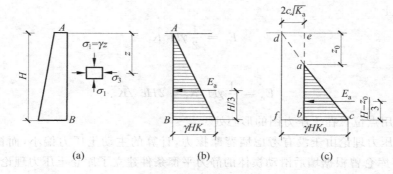

图 6-7 朗肯主动土压力

（a）挡土墙；（b）无黏性土；（c）黏性土

黏性土

$$E_a = \frac{1}{2} \left(\gamma H K_a - 2c \sqrt{K_a} \right) (H - z_0)$$

$$= \frac{1}{2} \gamma H^2 K_a - 2cH \sqrt{K_a} + \frac{2c^2}{\gamma} \qquad (6\text{-}12)$$

式中　$z_0 = \dfrac{2c}{\gamma \sqrt{K_a}}$。

合力作用点位置在土压力强度分布图三角面积的形心处。

6.3.2　被动土压力

挡土墙向后移动时，填土受挤压，相当于 σ_x 逐渐增加，达到极限平衡条件时 σ_x 为最大值，即被动土压力强度 σ_p，此时 $\sigma_x = \sigma_1$，$\sigma_z = \sigma_3$，由式（4-7）得

$$\sigma_p = \sigma_1 = \gamma z \tan^2 \left(45° + \frac{\varphi}{2} \right) + 2c \tan \left(45° + \frac{\varphi}{2} \right) = \gamma z K_p + 2c \sqrt{K_p} \qquad (6\text{-}13)$$

式中　σ_p——被动土压力强度，kPa；

　　　K_p——被动土压力系数，$K_p = \tan^2 \left(45° + \dfrac{\varphi}{2} \right)$。

被动土压力合力为土压力强度分布图面积，如图 6-8 所示。

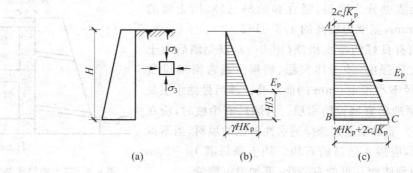

图 6-8 朗肯被动土压力

（a）挡土墙；（b）无黏性土；（c）黏性土

无黏性土

$$E_p = \frac{1}{2}\gamma H^2 K_p \tag{6-14}$$

黏性土

$$E_p = \frac{1}{2}\gamma H^2 K_p + 2Hc\sqrt{K_p} \tag{6-15}$$

合力作用点位置在土压力图的形心处。

朗肯土压力理论由于没有考虑墙背摩擦力，计算的主动土压力偏小，而被动土压力偏大。1773 年库仑曾根据墙后滑动楔体的静力平衡条件建立了库仑土压力理论。

例 6-2 已知挡土墙高度 10m，墙背垂直，填土面水平，墙背光滑，墙后填土为中砂，$\gamma = 18kN/m^3$，静止土压力系数 $K_0 = 0.4$，内摩擦角 $\varphi = 30°$。试计算总静止土压力 E_0，总主动土压力 E_a。

解 根据题意，可用朗肯土压力理论计算，采用 $K_0 = 0.4$，总静止土压力为

$$E_0 = \frac{1}{2}\gamma H^2 K_0 = \frac{1}{2} \times 18 \times 10^2 \times 0.4 kN/m = 360.4 kN/m$$

$$K_a = \tan^2\left(45° - \frac{30°}{2}\right) = 0.333$$

故总主动土压力为

$$E_a = \frac{1}{2}\gamma H^2 K_a = \frac{1}{2} \times 18 \times 10^2 \times \tan^2\left(45° - \frac{30°}{2}\right) kN/m$$

$$= \frac{1}{2} \times 18 \times 100 \times 0.333 kN/m = 300 kN/m$$

6.4 重力式挡土墙

重力式挡土墙由块石、毛石、砖等砌筑而成，它靠自身的重力抵抗土压力。由于其结构简单，取采方便，施工易于操作，故被广泛应用。

6.4.1 重力式挡土墙的构造

重力式挡土墙也分为仰斜、竖直和俯斜三种，挡土墙的顶宽应大于 500mm，宽度为墙高的 1/3～1/2。

挡土墙必须有良好的排水措施（图 6-9），以免墙后填土因积水而降低抗剪强度，使土体失稳、坍塌。通常沿墙设置间距 2～3m，直径不小于 100mm 的泄水孔。墙后做滤水层及排水盲沟，在墙顶地面宜铺设防水层。当墙后有山坡时，应在坡下设置截水沟。墙后填土宜选择透水性较强的填料，当不得不采用黏性土时，应掺入适量的石块。挡土墙每隔 10～20m 设置伸缩缝。为预防地基可能有变化，可加设沉降缝。

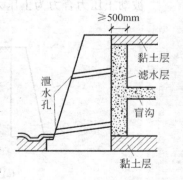

图 6-9 挡土墙排水结构

6.4.2 挡土墙验算

1. 抗倾覆稳定验算

重点提示：
挡土墙的验算主要有：①抗倾覆稳定验算；②抗滑验算；③基底压力验算；④墙身强度验算。

如图 6-10 所示,在土压力作用下,挡土墙将绕墙 O 点向外转动。

抗倾覆的安全系数 K_t 可表示为

$$K_t = \frac{抗倾覆力矩(对 O 点)}{倾覆力矩(对 O 点)} = \frac{Gx_0}{E_a z} \geqslant 1.6 \quad (6-16)$$

式中　G——挡土墙的重力,kN/m;

x_0——挡土墙重心与墙趾的水平距离,m;

E_a——主动土压力,kN/m;

z——土压力作用点至墙趾的高度,m。

2. 抗滑验算

如图 6-11 所示,在墙重力 G 和土压力 E_a 的作用下,安全系数 K_s 可表示为

$$K_s = \frac{G\mu}{E_a} \geqslant 1.3 \qquad (6-17)$$

式中　μ——土对墙底的摩擦因数,可查表 6-4。

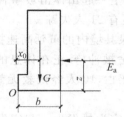

图 6-10　挡土墙抗倾覆力学分析

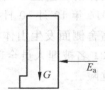

图 6-11　挡土墙抗滑力学分析

表 6-4　土对挡土墙基底的摩擦因数

土 的 类 别		摩擦因数 μ
黏性土	可塑	0.25～0.30
	硬塑	0.30～0.35
	坚硬	0.35～0.45
粉土	$S_r \leqslant 0.5$	0.30～0.40
中砂、粗砂、砾砂		0.30～0.50
碎石土		0.40～0.60
软质岩石		0.40～0.60
表面粗糙的硬质岩石		0.65～0.75

注：① 对易风化的软质岩石和塑性指数 I_P 大于 22 的黏性土,基底摩擦因数应通过试验确定;

② 对碎石土,可根据其密实度、填充物状况、风化程度等确定。

6.5　山体滑坡及挡土墙、房屋坍塌灾害

6.5.1　山体滑坡

近年来，我国发生的特大山体滑坡灾害有：

（1）2010 年 9 月 4 日，云南省保山市隆阳区瓦马乡大石房村发生特大山体滑坡，造成当地村民 29 人死亡、19 人失踪。

（2）2013 年 1 月 11 日，云南省镇雄县果珠乡高坡村赵家沟村发生特大山体滑坡灾害，总计约 21 万 m^3 的滑坡体从陡坡上倾泻而下，将赵家沟 14 户民房损毁掩埋，造成 46 人死亡、2 人受伤。这次灾害的主要原因是高位陡坡上松散的残坡堆积体，经过 10 多天的雨雪浸泡渗透、水分饱和后发生滑坡，是自然因素诱发形成的山体滑坡。

（3）2013 年 7 月 10 日，因连续 3 日强降雨，四川省成都都江堰市中兴镇三溪村发生一起特大山体滑坡。灾害造成 18 人死亡，107 人登记失踪和失去联系。据参与搜救的地质专家介绍，在特大山体滑坡中被掩埋的人员，生还的概率非常小，在搜救中也不能大面积深度挖掘，以防引起塌方体进一步垮塌。

（4）2014 年 8 月 27 日，贵州省黔南州福泉市发生一起山体滑坡事件，导致两个村房屋被掩埋。山体滑坡造成 6 人死亡、22 人受伤，此外还有 21 人失踪。

（5）2014 年 10 月 10 日，位于陕西省延安市甘泉县境内的黄延高速扩能工程第 14 标段住地工人宿舍侧面发生山体滑坡，造成 8 间临时宿舍被冲垮，正在休息的 21 人被埋。经过连夜搜救，21 名被埋人员全部找到，其中 9 人当场死亡，10 人经抢救无效死亡，2 人经抢救脱离生命危险。

（6）2015 年 8 月 12 日，陕西省山阳县中村镇烟家沟村发生一起突发性山体滑坡，滑坡土石量达 130 多万 m^3，经过紧张救援，有 14 人获救，另有 60 余人失踪。

（7）2015 年 12 月 20 日，广东省深圳市光明新区凤凰社区恒泰裕工业园发生山体滑坡。此次灾害滑坡覆盖面积约 38 万 m^3，造成 33 栋建筑物被掩埋或不同程度受损，截至 12 月 21 日，灾害造成的失联人员总数已经上升至 91 人，其中男性 59 人、女性 32 人。

（8）2016 年 5 月 8 日，福建三明市泰宁县开善乡发生山体滑坡，造成池潭水电厂 1 座办公楼被冲垮、1 座项目工地住宿工棚被埋压。截至 5 月 10 日，施工方最初提供的 41 名失联人员名单中，共联系到 5 人、发现 35 具遇难者遗体，还有 1 人失踪。

6.5.2　主动土压力产生的挡土墙事故

1. 杭州地铁塌方

2008 年 11 月 15 日，浙江杭州风情大道地铁 1 号线工地发生塌方事故，4 人遇难，17 人失踪。

2. 上海兴建中高楼连桩倒塌事故

2009 年 6 月 29 日，上海在建 13 层住宅楼盘"莲花河畔景苑"整栋连桩倒塌，据说另有

三栋楼宇出现倾斜现象,导致近400名业主登记退房。

如图6-12所示为上海倒塌高楼的受力图。高近10m的堆土形成了强大的土压力E作用在楼背面,形成了一个挡墙,前面的地下车库挖深5m,则形成了以A点为支点,以土压力E围绕着A点旋转的巨大的转动弯矩,致使高楼向前倾斜。

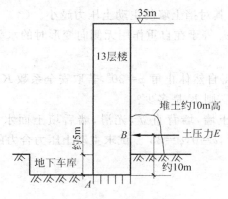

图6-12 上海倒塌高楼受力图

思考题

1. 土坡失稳的原因有哪些?无黏性土与黏性土的受力有哪些主要区别?
2. 挡土墙按结构形式分为哪些主要类型?
3. 土压力有哪三种?它们是如何定义的?
4. 重力式挡土墙的构造特点是什么?对防水有什么要求?
5. 挡土墙验算包括哪些内容?

习题

一、选择题

1. 无黏性土坡稳定性与( )无关。
   A. 密度　　　　　　　B. 坡高　　　　　　　C. 土内摩擦角　　　　D. 坡角
2. 一无黏性土坡$\beta=24°$,内摩擦角$\varphi=30°$,则稳定安全系数K为( )。
   A. 1.46　　　　　　　B. 1.50　　　　　　　C. 1.63　　　　　　　D. 1.70
3. 用朗肯土压力理论计算挡土墙土压力时,适用条件之一是( )。
   A. 墙的高度　　　　　B. 墙背倾斜　　　　　C. 墙背直立　　　　　D. 墙背粗糙
4. 当挡土墙向离开土体方向移动,至土体达到极限平衡时,作用在墙上的土压力称为( )。
   A. 主动土压力　　　　B. 被动土压力　　　　C. 静止土压力

二、填空题

1. 无黏性土坡在自然状态下的极限坡角，称为_____。

2. 瑞典条分法中安全系数是指_____与_____之比。

三、判断改错题

1. 墙后填土越松散，其对挡土墙的主动土压力越小。（   ）

2. 静止土压力强度 σ_0 等于在自重作用无侧向变形时的水平向自重应力 σ_{cx}。（   ）

四、计算题

1. 某砂土经试验测得自然休止角 $\varphi=30°$，若取安全系数 $K=1.2$，问开挖基坑时土坡坡角应为多少？若取 $\beta=20°$，则 K 是多少？

2. 高度为 6m 的挡土墙，墙背直立，光滑，墙后填土面水平，其上作用均布荷载 $q=10kPa$，填土 $\gamma=18kN/m^3$，$c=0$，$\varphi=35°$。试求主动土压力合力的大小及作用位置。

第7章

天然地基上的浅基础

基础按埋置深度不同,分为浅基础和深基础两大类。埋深小于 5m 的基础为浅基础;大于 5m 为深基础。深基础有桩基础、沉井及地下连续墙等。

7.1 浅基础的设计内容及程序

7.1.1 设计内容及程序

重点提示:

基础按埋置深度不同,分为浅基础和深基础两大类。埋深小于 5m 的基础为浅基础,埋深大于 5m 的为深基础。

(1) 选择基础的类型、材料,进行平面布置;

(2) 确定基础的埋置深度及底面尺寸;

(3) 确定地基承载力设计值;

(4) 根据具体情况进行地基变形与稳定性验算;

(5) 进行基础结构设计,绘制基础施工图。

对地基计算的要求:在基础设计规范中,将建筑物分为三个安全等级,见表 7-1。

表 7-1 建筑物安全等级

安全等级	破坏后果	建 筑 类 型
一级	很严重	重要的工业与民用建筑物;20 层以上的建筑;体型复杂的 14 层以上的高层建筑;对地基变形有特殊要求的建筑物;单桩荷载在 4MN 以上的建筑物
二级	严重	一般工业与民用建筑物
三级	不严重	次要的建筑物

7.1.2 荷载取值的规定

按现行规范标准,荷载可分为永久荷载和可变荷载,它们均可用标准值和设计值表示:

$$设计值 = 标准值 \times 荷载分项系数$$

作用在基础上的各类荷载及取值方法有:

（1）作用在基础上的永久荷载，分项系数为1.2，而可变荷载的分项系数为1.4。

（2）由地基承载力确定基础面积及埋深时，传至基础顶面上的荷载应按基本组合的设计值计算。

（3）计算地基稳定性和重力式挡土墙上的土压力时，荷载应按基本组合，但荷载分项系数均为1.0。

（4）计算基础的最终沉降量时，传至基础底面上的荷载应按长期效应组合，且不计入风载和地震作用，荷载采用标准值。

（5）钢筋混凝土挡土结构，土压力应按设计值计算，取分项系数大于1.2，进行基础截面及配筋计算时，荷载均采用设计值。

7.2 浅基础的类型

基础按材料构成可分为刚性基础和钢筋混凝土基础。刚性基础抗拉、抗弯强度都很低，而钢筋混凝土中的钢筋却能承受拉和弯作用。

基础按结构形式又可分为条形基础、单独基础、联合基础、交梁基础、筏板基础以及箱形基础。

7.2.1 刚性基础

刚性基础如图7-1所示。根据所用的材料有砖砌基础、毛石基础、灰土基础、三合土基础、混凝土基础及毛石混凝土基础。

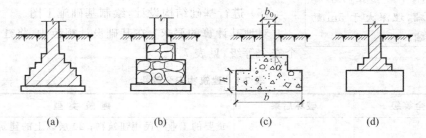

图7-1 刚性基础
(a) 砖砌基础；(b) 毛石基础；(c) 毛石混凝土基础；(d) 灰土基础

由于刚性基础抗拉、弯能力较弱，在地基反力作用下，基础下部扩大部分像倒悬臂梁一样向上弯曲，悬臂过长，则产生弯曲破坏。因此对台阶宽度及高度之比有所限制，这将在7.6节刚性基础设计中详细介绍。

7.2.2 钢筋混凝土基础

1. 墙下条形基础

在设计中，若不想过大地增加基础的高度和埋置深度，则应采用钢筋混凝土条形基础的

"宽基浅埋",增强整体性和抗弯能力,还可以采用有肋的钢筋混凝土条形基础(图 7-2),承受由不均匀沉降引起的弯曲应力。

2. 柱下单独基础

单独基础的底部应配置双向受力钢筋。现浇柱的单独基础可做成阶梯形或锥形,预制桩则采用杯形基础(图 7-3)。

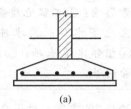 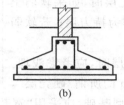

(a)　　　　　　(b)

图 7-2　墙下钢筋混凝土条形基础

(a) 无肋;(b) 有肋

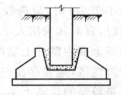

图 7-3　柱下预制桩杯形基础

3. 柱下条形基础和联合基础

当地基较软弱时,为减少柱基之间的不均匀沉降,可在整排柱下做一条钢筋混凝土地梁,将柱联合起来,就成为柱下条形基础。

联合基础是指相邻两柱的公共基础。交梁基础也是联合基础的一种,如果梁下地基松软且在两个方向分布不均,需要基础两个方向上具有一定的刚度来调整不均匀沉降,则可在柱网下沿纵横两向设置钢筋混凝土条形基础,从而形成柱下交梁基础。这种基础埋深可以较浅,但造价较高。

4. 筏板基础

当荷载很大,地基软弱,基础可做成由钢筋混凝土整片底板、顶板和钢筋混凝土纵横墙组成的满堂基础,称为筏板基础。筏板基础能大大提高整体抗弯能力。筏板基础的底面积大、整体性强,可调整基础的不均匀沉降,也可减少基底单位压力,因而在民用建筑物中广泛应用。

5. 箱形基础

箱形基础由钢筋混凝土整片底板、顶板和钢筋混凝土纵横墙组成,它像一块巨大的空心板,具有很大的抗弯刚度,基础的空心部分是地下室。这种基础在高层建筑及重要的构筑物中常被采用。

6. 壳体基础

常用的壳体有正圆锥壳、M 形组壳、内球外锥组合壳。壳体在地基反力作用下主要承受轴向力,能充分发挥材料作用,故理论上比实体基础节约材料;但施工工艺复杂,操作技术要求高,工程上很少采用。

7.3　基础埋置深度的确定

基础埋置深度是指基础底面至地面(室外地坪)的距离。浅基础的埋置深度由下列因素确定。

1. 工程地质条件

直接支撑基础的土层称为持力层，在持力层下方的土层称为下卧层，基础应尽可能埋置在良好的持力层上。

在满足地基稳定和变形的要求后，基础应尽量做到浅埋，但应满足最小埋深要求（一般不小于0.5m）。

当地基上部为软弱土层，下部为良好土层时，如果软弱土层厚度小于2m时，应选取下部良好土层作为持力层；若软弱层较厚时，宜对其采用人工地基处理。

地基上部为良好土层而下部为软弱土层时，应考虑浅埋。我国沿海地区，地表存在一层厚度为2~3m的所谓"硬壳层"，壳层下是较厚的软弱土层。对于普通中小型基础，应采用"宽基浅埋"的方案；对于高层和特殊建筑，应采用柱基础或其他方案。

> **重点提示：**
>
> 浅基础埋深受下列因素影响：①工程地质条件；②地下水位；③冰冻线；④相邻建筑基础；⑤地下管沟等。

2. 地下水的影响

基础底面宜埋置在地下水位以上，以免施工时增加排水工程，如必须埋在地下水位以下时，则应采取降低水位措施以防止施工中出现流砂、管涌等问题；同时，对基础要采取防腐处理或选用合适材料，以防止地下水的侵蚀。

3. 土的冻胀影响

冻土分为季节性冻土和常年冻土两类。我国季节性冻土分布很广。东北、华北和西北地区的季节性冻土厚度在0.5m以上，最大的可达3m左右。

在有冻胀性土的地区，应按规范要求确定基础埋深，原则上基础埋置深度应大于冻土深度，必要时还应采取防冻害措施。

4. 相邻基础的影响

新基础靠近原有建筑物基础时，不宜深于原有基础。如果一定要深于原建筑基础时，为保证安全，两基础间应保持一定净距，一般取相邻两基础底面高差的1~2倍。此要求如不能满足时，施工时应采取措施，如临时加固支撑、打板桩、筑地下连续墙或加固原有建筑物地基。

5. 地下沟管的影响

当地下沟管通过基础时，基础应预留孔洞；当地下沟管埋深深于基础时，应考虑基础的局部加深。

7.4 地基承载力的确定

7.4.1 地基承载力及其影响因素

当地基在同时满足变形和强度两个条件时，单位面积所能承受的最大荷载称为地基承载力，以 f_a 表示，单位 kPa。

地基承载力的影响因素：

（1）土的成因与堆积年代，如冲积土和洪积土的承载力比较大，堆积年代越久，承载力越高；

（2）土的物理力学性质是影响土的承载力最重要的直接因素，如密度越大，承载力越高；

（3）地下水的影响，如地下水上升，则对土产生浮力作用，承载力降低；

（4）基础的埋置深度和底面尺寸对承载力也会产生影响，如随基础埋深的增加，承载力也相应增加。

7.4.2　地基承载力的确定

1. 按土的抗剪强度指标计算地基承载力设计值

对于轴心受压（偏心距 e 在基础底面宽度的 1/3 之内）的基础，根据土的抗剪强度指标标准值 φ_k，c_k，按下式确定地基承载的设计值：

$$f_r = M_b \gamma b + M_d \gamma_0 d + M_c c_k \tag{7-1}$$

式中　M_b，M_d，M_c——承载力系数，由土的摩擦角标准值 φ_k 查表 7-2 确定；

　　　γ——基底以下的重度，地下水位以下取土的有效重度，kN/m^3；

　　　b——基础底面的宽度，大于 6m 时按 6m 考虑，对于砂土，小于 3m 时按 3m 考虑；

　　　γ_0——基础底面以上土的加权平均重度，地下水位以下取有效重度，kN/m^3；

　　　d——基础的埋置深度，m；

　　　c_k——基底下 1 倍基础宽度内土的黏聚力标准值，kPa。

表 7-2　承载力系数 M_b，M_d，M_c 与 φ_k 关系表

$\varphi_k/(°)$	0	2	4	6	8	10	12	14	16	18	20	22	24	26	28	30	32	34	36	38	40
M_b	0	0.03	0.06	0.10	0.14	0.18	0.23	0.29	0.36	0.43	0.51	0.61	0.80	1.10	1.40	1.90	2.60	3.40	4.20	5.00	5.80
M_d	1.00	1.12	1.25	1.39	1.55	1.73	1.94	2.17	2.43	2.72	3.06	3.44	3.87	4.37	4.93	5.59	6.35	7.21	8.25	9.44	10.84
M_c	3.14	3.32	3.51	3.71	3.93	4.17	4.42	4.69	5.00	5.31	5.66	6.04	6.45	6.90	7.40	7.95	8.55	9.22	9.97	10.80	11.73

土的抗剪强度指标值 φ_k，c_k 见《建筑地基基础设计规范》（GB 50007—2011）。

2. 根据静荷载试验确定地基承载力标准值

根据荷载、沉降试验可得如图 7-4 所示试验曲线。

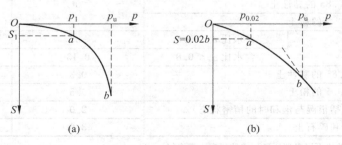

图 7-4　p-S 试验曲线

（a）比例压力与极限压力；（b）中、高压缩性土 p-S 曲线

（1）p-S 曲线线性段 Oa 的末点 a 对应的 p_1，作为地基承载力的基本值。

（2）当荷载加至破坏时，取破坏前一级荷载作为地基极限荷载 p_u，当 p_u 小于比例界限压力 p_1 的 1.5 倍时，取 p_u 的一半作为承载力基本值。

（3）当 p-S 曲线找不到明显的 p_1 和 p_u，而压板面积为 $0.25 \sim 0.50 \mathrm{m}^2$ 时，对中、高压缩性土可取沉降 $S = 0.02b$（b 为压板宽度或直径）对应的压力作为承载力基本值；对低压缩性土和砂土可取 $S = 0.01 \sim 0.015b$ 所对应的压力作为承载力基本值。

3. 按建筑经验确定

建筑经验是指在拟建场地附近，常有已建造的建筑物，对已存在的建筑物进行地基承载力的调查，取得相应的资料，再通过现场开挖进行直接鉴别、对比，根据确定的土的名称和所处的形态确定拟建场地地基承载力。这是一种简易的方法，用于一般建筑。

4. 地基承载力设计值

从第 4 章的讨论得知，增加基础的埋深和底面宽度，对同一土层来说，其承载力可提高。因此按上述所确定的地基承载力标准值，可以根据基础的埋深和底宽以及地基土的性质进行修正，修正后的承载力即为地基承载力设计值 f，具体方法如下：

$$f = f_k + \eta_b \gamma (b - 3) + \eta_d \gamma_0 (d - 0.5) \tag{7-2}$$

式中　η_b, η_d——基础宽度和埋深的地基承载力修正系数，按基础底面以下的土类查表 7-3；

γ——基础底面以下土的重度，地下水位以下取有效重度，$\mathrm{kN/m}^3$；

b——基础底面宽度，m，当基底宽度小于 3m 时按 3m 考虑，大于 6m 时按 6m 考虑；

γ_0——基础底面以上土的加权平均重度，地下水位以下取有效重度，$\mathrm{kN/m}^3$；

d——基础埋置深度，m，一般自室外地面算起；在填方整平地区，可自填土地面标高算起，但填土在上部结构施工后完成时，应从天然地面标高算起；对于地下室，如采用箱形或筏板基础时，基础埋置深度自室外地面标高算起，在其他情况下（如地下室采用分离式基础），应从室内地面算起。

当计算所得的设计值 $f < 1.1 f_k$ 时，可取 $f = 1.1 f_k$。

表 7-3　承载力修正系数

土 的 类 别		η_b	η_d
淤泥和淤泥质土	$f_k < 50\mathrm{kPa}$	0	1.0
	$f_k \geqslant 50\mathrm{kPa}$	0	1.1
人工填土 $e \geqslant 0.85$ 或 $I_L \geqslant 0.85$ 的黏性土		0	1.1
$e \geqslant 0.85$ 或 $S_r > 0.5$ 的粉土			
红黏土	含水比 $a_w > 0.8$	0	1.2
	含水比 $a_w \leqslant 0.8$	0.15	1.4
e 及 I_L 均小于 0.85 的黏性土		0.3	1.6
$e < 0.85$ 及 $S_r \leqslant 0.5$ 的粉土		0.5	2.2
粉砂、细砂（不包括很湿与饱和时的稍密状态）		2.0	3.0
中砂、粗砂、砾砂和碎石土		3.0	4.4

注：① 强风化的岩石可参照所风化成的相应土类取值；

② 含水比：$a_w = \dfrac{w}{w_L}$，其中 w 为土的天然含水率，w_L 为土的液限；

③ S_r 为土的饱和度。

7.5　基础底面积

　　根据持力层承载力的设计值、基础埋置深度及作用在基础上的荷载，可以计算基础底面积。传至基础底面上的荷载应为基本组合值。

7.5.1　轴心荷载作用下基础底面积的确定

　　在轴心荷载作用下，基础一般是对称设计，作用在基底面上的平均压应力应小于或等于地基承载力设计值(图 7-5)，即

$$p = \frac{F+G}{A} = \frac{F+\bar{\gamma}AH}{A} \leqslant f$$

由此得基础底面积

$$A \geqslant \frac{F}{f - \bar{\gamma}H}$$

对于矩形基础 $A = bl(\mathrm{m}^2)$。如长度方向按 $l = 1\mathrm{m}$ 计，则 A 与 b 数值相等，故条形基础宽度 $b(\mathrm{m})$ 为

$$b \geqslant \frac{F}{f - \bar{\gamma}\bar{H}} \tag{7-3}$$

式中　F——上部结构传来的轴向力设计值，kN(当为柱下单独基础时轴向力为基础顶上的全部荷载，当为条形基础时取 1m 长度的轴向力，kN/m，其值算至室内地面标高处)；

　　　　f——基底处地基承载力设计值，kN/m^2；

　　　　G——基础自重和基础上的覆土重，kN，对于一般基础近似取 $G = \bar{\gamma}A\bar{H}$；

　　　　$\bar{\gamma}$——基础及基础上的覆土平均重度，取 $\bar{\gamma} = 20\mathrm{kN/m^3}$，当有地下水时，$\bar{\gamma} - \gamma_\mathrm{w} = (20-10)\mathrm{kN/m^3} = 10\mathrm{kN/m^3}$；

　　　　$\bar{H}$——计算土重 G 的平均高度，m。

　　例 7-1　某条形基础如图 7-6 所示，在室内地平 ±0.00 标高处的轴向设计值 $F = 200\mathrm{kN/m}$，基础埋深 1.70m，室内外高差 0.30m，地基为黏性土，$\gamma = 18\mathrm{kN/m^3}$，$f_\mathrm{k} = 120\mathrm{kN/m^2}$。在基础埋深范围内没有地下水，求基础宽度。

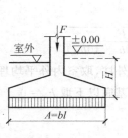

图 7-5　轴心受压

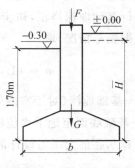

图 7-6　例 7-1 图

解　计算土的平均高度

$$\overline{H} = \frac{1.70 + (1.70 + 0.30)}{2}\,\text{m} = 1.85\,\text{m}$$

地基承载力设计值（假定基础宽度 $b<3$m，有 $\eta_b=0$，$\eta_d=1.1$）

$$\begin{aligned}
f &= f_k + \eta_d \gamma_0 (d - 0.5)\\
&= 120\,\text{kN/m}^2 + 1.1 \times 18(1.70 - 0.5)\,\text{kN/m}^2\\
&= (132 + 30)\,\text{kN/m}^2 = 162\,\text{kN/m}^2 > 1.1 f_k
\end{aligned}$$

基础宽度

$$b = \frac{F}{f - \overline{\gamma}\overline{H}} = \frac{200}{162 - 20 \times 1.85}\,\text{m} = \frac{200}{162 - 37}\,\text{m} = 1.60\,\text{m}$$

1.60m$<$3m，不考虑基宽对承载力的修正。

7.5.2　偏心受压基础底面积的确定

1. 柱下矩形偏压基础底面积

工业厂房的柱基础多为偏心受压，如图7-7所示。它是单层工业厂房外柱基础，作用在基础顶面上的内力设计值有轴向力 F、弯矩 M、剪力 V、基础梁传来竖向力 F_1、基础自重及基础上的覆土重力 G，将这些荷载对基础底面中心点简化为 $F_g d$，$M_g d$，$V_g d$，所产生的基底应力 p_{max} 及 p_{min} 应满足地基承载力条件：

$$\left.\begin{array}{l} p_{max}\\ p_{min} \end{array}\right\} = \frac{F + G}{A} \pm \frac{M}{W} \qquad (7\text{-}4)$$

对于矩形基础

$$\left.\begin{array}{l} p_{max}\\ p_{min} \end{array}\right\} = \frac{F + G}{A}\left(1 \pm \frac{6e}{L}\right) \qquad (7\text{-}5)$$

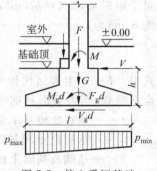

图 7-7　偏心受压基础

式中　e——偏心距，m，$e = \dfrac{M_g d}{F + G}$，$M_g d = M + Vh$。

承受偏心荷载作用的基础，除应满足 $p \leqslant f$ 外，尚应满足下述条件：

$$p_{max} \leqslant 1.2 f \qquad (7\text{-}6)$$

在确定基底尺寸时，按下述步骤进行：

（1）进行基础埋深修正，初步确定地基承载力设计值 f。

（2）根据偏心情况，取

$$b = (1.05 \sim 1.2)\sqrt{\frac{F}{n(f - 20h + 10h_w)}} \qquad (7\text{-}7)$$

式中　h——基础埋深（对于室内外地面有高差的外墙、外柱，取室内外平均埋深），m；

　　　h_w——基础底面至地下水位的距离，若地下水位在基底以下取 $h_w=0$。

（3）计算基底最大压力设计值并满足 $p_{max} \leqslant 1.2 f$。

（4）通常 p_{min} 不应出现负值，即要求偏心距 $e \leqslant \dfrac{1}{6} l$，或 $p_{min} \geqslant 0$。

（5）若 b,l 取值不适当，要进行尺寸调整。

2. 条形偏压基础底面积

条形基础长边 l 很长，通常计算时取 1m 为计算单元，则有

$$
\left.
\begin{aligned}
p_{max} &= \frac{F+G}{b}(1+6e) \leqslant 1.2f \\
p_{min} &= \frac{F+G}{b}(1-6e) \leqslant 1.2f
\end{aligned}
\right\}
\tag{7-8}
$$

例 7-2 已知传至基础顶的内力设计值 $F=500\text{kN}$，$M=50\text{kN·m}$，$V=10\text{kN}$，水平力 V 至底面距离为 1m，地基承载力标准值 $f_k=200\text{kN/m}^2$，地基为黏性土（$\eta_d=1.1$，$\eta_b=0$），基础埋深 1.5m，$\gamma_0=18.5\text{kN/m}^3$。试求基础设计面积。

解 地基承载力设计值按理论公式计算

$$
\begin{aligned}
f &= f_k + \eta_d\gamma_0(d-0.5) = 200\text{kN/m}^2 + 1.1\times18.5(1.5-0.5)\text{kN/m}^2 \\
&= 220.4\text{kN/m}^2 > 1.1f_k
\end{aligned}
$$

按轴心受压基础计算面积

$$
A = \frac{F}{f-\gamma\bar{H}} = \frac{500}{220.4-20\times1.5}\text{m}^2 = 2.6\text{m}^2
$$

将底面积增大，$A=2.6\times1.1\text{m}^2=2.86\text{m}^2$，设计成矩形，$b=1.2\text{m}$，$l=2.4\text{m}<3\text{m}$，则

$$
F_gd = F+G = (500+20\times1.5\times1.2\times2.4)\text{kN} = 586.4\text{kN}
$$

$$
M_gd = (50+10\times1)\text{kN·m} = 60\text{kN·m}
$$

$$
e_0 = \frac{M_gd}{F_gd} = \frac{60}{586.4}\text{m} \approx 0.1\text{m}
$$

$$
p_{max} = \frac{F_gd}{A}\left(1+\frac{6e_0}{l}\right) = \frac{586.4}{1.2\times2.4}\times\left(1+\frac{6\times0.1}{2.4}\right)\text{kN/m}^2 = 254.5\text{kN/m}^2
$$

$$
p_{min} = \frac{F_gd}{A}\left(1-\frac{6e_0}{l}\right) = \frac{586.4}{1.2\times2.4}\times\left(1-\frac{6\times0.1}{2.4}\right)\text{kN/m}^2 = 152.7\text{kN/m}^2
$$

由于 p_{max} 不满足 $p<1.2f=240\text{kN/m}^2$ 的要求，调整底面积 $b=1.4$，$l=2.6$ 代入上式有，$F_gd=609.2\text{kN}$，$e=0.1\text{m}$，

$$
p_{max} = \frac{609.2}{1.4\times2.6}\times\left(1+\frac{6\times0.1}{2.6}\right)\text{kN/m}^2 = 206\text{kN/m}^2 < 1.2f = 240\text{kN/m}^2
$$

$$
p_{min} = \frac{609.2}{1.4\times2.6}\times\left(1-\frac{6\times0.1}{2.6}\right)\text{kN/m}^2 = 129\text{kN/m}^2 < 1.2f = 240\text{kN/m}^2
$$

$$
\frac{p_{max}+p_{min}}{2} = \frac{206+129}{2}\text{kN/m}^2 = 168\text{kN/m}^2 < f
$$

7.5.3　地基软弱下卧层验算

地基软弱下卧层验算公式：

$$
p_z + p_{cz} \leqslant f_z
\tag{7-9}
$$

式中　p_z——软弱下卧层顶面处的附加应力设计值，kN/m^2；

p_{cz}——软弱下卧层顶面处土的自重应力标准值，kN/m^2；

f_z——软弱下卧层顶面处经深度修正后的地基承载力设计值。

当上层土与下卧软弱土层的压缩模量比值大于或等于 3 时，对条形和矩形基础可用压力扩散角方法求土中附加应力，如图 7-8 所示。该方法是假设基底处的附加应力 p_0 按某一扩散角 θ 向下扩散，在任意深度的同一水平面上的附加应力均匀分布。根据扩散前后总应力相等的条件可得到深度为 z 处的附加应力：

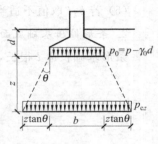

图 7-8　下卧层应力扩散

矩形基础

$$p_z = \frac{lbp_0}{(b+2z\tan\theta)(l+2z\tan\theta)} \tag{7-10}$$

条形基础

$$p_z = \frac{bp_0}{b+2z\tan\theta} \tag{7-11}$$

式中　p_0——基底附加应力，kN；

l——基础底面长度，m；

b——基础底面的短边，条形基础的宽度，m；

z——基础底面至软弱下卧层顶面的距离，m；

θ——地基应力扩散角（应力扩散线与垂直线的夹角），$(°)$。

7.6　刚性基础设计

刚性基础通常是指无钢筋基础，由于材料抗弯抗拉能力很小，故常设计成轴心受压基础。基础设计应符合台阶高宽比允许值和刚性角要求，见表 7-4。

刚性基础设计时先决定底面积，再选择刚性基础类型。按宽高比决定台阶高度与宽度（即须考虑刚性基础扩散角，如图 7-9 所示），从基底开始向上逐步收小尺寸，使基础顶面低于室外地面至少 0.1m，如超出时需修改尺寸或基底埋深，直到符合为止。

当基础材料强度小于柱或墙的材料强度时，应验算基础顶面的局部抗压强度，如不满足时，可扩大柱或墙脚的底部面积。

设台阶的宽度为 b_2，台阶的高度为 h_2，允许宽高比 $\left[\dfrac{b_2}{h_2}\right]$ 应当满足

$$\frac{b_2}{h_2} \leqslant \left[\frac{b_2}{h_2}\right] = \tan\alpha \tag{7-12}$$

式中　$\left[\dfrac{b_2}{h_2}\right]$——表 7-4 中查到的相应允许值。

由式（7-12）得台阶宽度，$b_2 \leqslant \left[\dfrac{b_2}{h_2}\right] h_2$，或台阶高度 $h_2 \geqslant \dfrac{b_2}{\left[\dfrac{b_2}{h_2}\right]}$。图 7-10 表示刚性砖基础

的砌法示意图。

表 7-4 刚性基础台阶高宽比允许值

基础材料	质量要求		台阶高宽比允许值		
			$p \leqslant 100$	$100 < p \leqslant 200$	$200 < p \leqslant 300$
混凝土基础	C10 混凝土		1:1.00	1:1.00	1:1.25
	C7.5 混凝土		1:1.00	1:1.25	1:1.50
毛石混凝土	C7.5~C10 混凝土		1:1.00	1:1.25	1:1.50
砖基础	砖不低于 MU7.5	M5 砂浆	1:1.50	1:1.50	1:1.50
		M2.5 砂浆	1:1.50	1:1.50	
毛石基础	M2.5~M5 砂浆		1:1.25	1:1.50	—
	M1 砂浆		1:1.50		
灰土基础	体积比为 3:7 或 2:8 的灰土,其最小干密度:粉土 1.55t/m³;粉质黏土 1.5t/m³;黏土 1.45t/m³		1:1.25	1:1.50	
三合土基础	体积比为 1:2:4~1:3:6(石灰:砂:骨料),每层约虚铺220mm,夯至150mm		1:1.50	1:2.00	

注:① p 为基础底面处的平均应力,kPa;

② 阶梯形毛石基础的每阶伸出宽度,不宜大于200mm;

③ 当基础由不同材料叠合组成时,应对接触部分做抗压验算。

例 7-3 已知墙体传至基础的轴向力 $F = 120 \text{kN/m}$,基础埋深 $d = 1\text{m}$,地基承载力设计值 $f = 120 \text{kN/m}^3$,砖材料为 M5 水泥砂浆毛石,试设计条形基础的台阶尺寸。

解 基础宽度

$$b = \frac{F}{f - \gamma H} = \frac{120}{120 - 20 \times 1} \text{m} = 1.20\text{m} < 3\text{m}$$

台阶宽度(图 7-11)

$$b_2 = (1.2 - 0.24 - 4 \times 0.06) \times \frac{1}{2} \text{m} = 0.36\text{m}$$

查表 7-4 得

$$\left[\frac{b_2}{h_2}\right] = \frac{1}{1.5}, \quad 则 \ h_2 \geqslant \frac{b_2}{\left[\frac{b_2}{h_2}\right]} = \frac{0.36}{\frac{1}{1.5}} \text{m} = 0.54\text{m}$$

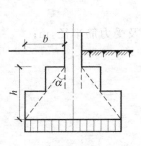

图 7-9 刚性基础扩散角

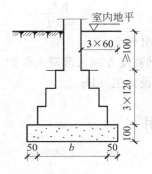

图 7-10 刚性砖基础砌法

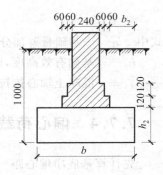

图 7-11 例 7-3 图

7.7　墙下钢筋混凝土条形基础

7.7.1　构造要求

（1）梯形截面基础的边缘高度，一般不小于 200mm，梯形坡度 $i \leqslant 1 : 3$，基础高度小于 250mm 时可做成等级厚度板；

（2）基础底下的垫层厚度一般为 100mm；

（3）底板受力钢筋的最小直径不宜小于 8mm，间距不宜大于 200mm 且不宜小于 100mm，当有垫层时必须满足不小于 35mm 保护层的条件，而无垫层时保护层不宜小于 70mm；纵向分布筋，直径 6～8mm，钢筋间距 250～300mm；

（4）混凝土强度等级不宜低于 C15；

（5）当地基软弱时，为了减小不均匀沉降的影响，基础截面可采用配有钢筋的带肋板。

7.7.2　基础宽度

轴心受压、偏心受压的基础宽度可按式（7-3）等相关公式计算。

7.7.3　基础底板高度

基础底板如倒置的悬臂板，由自重 G 产生的均布压力与地基反力抵消，故底板只受上部结构传来的设计压力值引起的净反力的作用。

底板的高度由抗剪强度确定

$$V \leqslant 0.7 f_t l h_0 \tag{7-13}$$

式中，V 为悬臂板根的剪力设计值，kN。

若 l 取 1m，则 $V \leqslant 0.07 f_c h_0$，$V = p_j b_1$，代入式（7-13）则有

$$h_0 \geqslant \frac{p_j b_1}{0.7 f_t} \tag{7-14}$$

式中　b_1——基础悬臂部分的挑出长度，m；

　　　h_0——基础有效高度，即基础高度 h 减去混凝土保护层厚度及受力筋半径，m；

　　　f_t——混凝土轴心抗拉强度设计值，kPa。

7.7.4　偏心荷载作用

先计算基底净偏心距

$$e_0 = \frac{M}{F}$$

基础边缘处的最大和最小净反力为

$$p_{jmax} = \frac{F}{b}\left(1 + \frac{6e_0}{b}\right)$$
$$p_{jmin} = \frac{F}{b}\left(1 - \frac{6e_0}{b}\right)$$

(7-15)

悬臂根部截面处的净反力为

$$p_{j1} = p_{jmin} + \frac{b - b_1}{b}(p_{jmax} - p_{jmin})$$ (7-16)

偏心荷载作用、轴心荷载作用下条形基础的基底的净反力分布如图 7-12 所示。

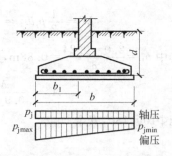

图 7-12 墙下钢筋混凝土条形基础偏心荷载、轴心荷载作用下基底净反力分布图

7.7.5 基础底板配筋

悬臂板根部的最大弯矩

$$M_{max} = \frac{1}{2} p_j l b_1^2$$ (7-17)

钢筋面积近似按下式计算：

$$A_s = \frac{M}{0.9 f_y h_0}$$ (7-18)

式中 f_y——钢筋受拉设计强度。

底部的受力钢筋沿宽度 b 方向放置，沿墙长方向设分布筋，放在受力筋上面，受力筋采用Ⅰ级或Ⅱ级钢筋，直径不小于 8mm，间距不小于 100mm，且不大于 200mm。分布筋直径为 6~8mm，间距 250~300mm。混凝土强度等级不宜低于 C15。

例 7-4 墙下条形基础，轴向设计值 $F = 200kN/m$，埋深 1m，地基承载设计值 $f = 120kN/m^2$。试设计基础尺寸（图 7-13）。

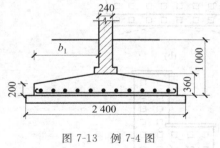

图 7-13 例 7-4 图

解 基础宽度

$$b = \frac{F}{f - \gamma \overline{H}} = \frac{200}{120 - 20 \times 1}m = 2.0m$$

由于基础较宽，埋浅，设计成墙下钢筋混凝土基础。

地基净反力

$$p_j = \frac{200}{2}kN/m^2 = 100kN/m^2$$

基础底板高度取 $h = 360mm$，$h_0 = 320mm$，混凝土强度等级 C15（$f_c = 7.5N/mm^2$），Ⅰ级钢筋（$f_y = 210N/mm^2$）。

计算最大剪力

$$V = p_j l b_1 = 100 \times 1 \times 0.88kN = 88kN$$

允许的抗剪强度

$$0.07 f_c l h_0 = 0.7 \times 7\,500 \times 1 \times 0.32 = 1\,680 > V$$

最大弯矩

$$M = \frac{1}{2} p_j l b_1^2 = \frac{1}{2} \times 100 \times 1 \times 0.88^2 \, \text{kN} \cdot \text{m} = 38.72 \text{kN} \cdot \text{m}$$

其中 $b_1 = \frac{2.0 - 0.24}{\alpha} = 0.88 \text{m}$，则受力钢筋面积

$$A_s = \frac{M}{0.9 f_y h_0} = \frac{38\,720\,000}{0.9 \times 210 \times 320} \, \text{mm}^2 = 640 \text{mm}^2$$

配 $\phi 10@180$，安全。

7.8　减少不均匀沉降的一般措施

建筑物一般总会产生一定的沉降或不均匀沉降，规范都规定出一定的允许值，沉降超过允许值会使上部结构遭到破坏，因此设计基础时，必须对地基进行必要的处理，采取合理的建筑措施、结构措施及有关的施工措施，使建筑能正常、安全地使用。

7.8.1　地基沉降产生的墙体破坏

多层砖体结构，如房屋中部下沉大于端部，则底层窗口首先产生面向中部沉降大的对角斜裂缝；如房屋两端下沉大于中部，则顶层窗口出现面向两端沉降大的对角斜裂缝；如房屋局部下沉，则在墙的下部产生面向局部沉降的斜裂缝；房屋高差较大时，由于高层房屋下沉而引起低层房屋的窗口产生面向高层的对角斜裂缝。房屋的倾斜也是面向地基沉降的大方向，沉降与墙身裂缝位置及方向关系如图 7-14 所示。

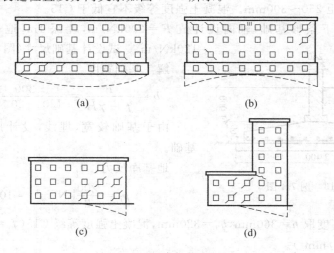

图 7-14　沉降与墙身裂缝
(a) 中部沉降大；(b) 两端沉降大；(c) 局部沉降；(d) 高低层不均匀沉降

墙体有时也会因温度对材料的影响及砌体材料本身强度不足而产生裂缝。如果砌体与圈梁之间两种材料的收缩变形不同，整体浇筑钢筋混凝土屋盖，因温度变化，使顶层两端部的窗口产生对角斜裂缝等。应该提醒注意的是，不能把这些裂缝误认为是地基沉降产生的。

掌握了以上规律，就可以判断出地基土较差的位置，从而采取必要的加固措施，使建筑物保持完好，以便正常使用。

7.8.2 减少不均匀沉降的建筑措施

重点提示：

地基不均匀沉降会造成很大的危害，要重视采取防止不均匀沉降的措施，防患于未然。

（1）在软弱地基上建造高层建筑物，其平面应力力求简单，建筑物的立面不宜高低悬殊太大，或者根据平面形状和高差情况，在适当部位用沉降缝将建筑物划分为若干个刚度单元，在单元之间设置简支或悬挑结构联结。

（2）设计合理的建筑物的长高比。长高比越小，房屋整体刚度越大，调整地基不均匀沉降的能力就越强。对于3层以上的房屋，其长高比不宜大于2.5；对平面简单，内外墙贯通的建筑物，长高比可适当放宽，一般不宜大于3.0。

（3）保持相邻建筑物之间的距离。同期建造的两相邻建筑或在原有房屋邻近处新建高而重的建筑物，如果距离太近，就会由于相邻影响，产生不均匀沉降，造成倾斜和开裂。

（4）合理布置纵横墙。要避免纵墙开洞、转折、中断而削弱纵墙刚度，尽量使纵墙与横墙联结，缩小横墙间距，加强建筑物的整体刚度，提高调整不均匀沉降的能力。

（5）设置沉降缝。沉降缝将建筑物从屋面到基础分割成两个或多个沉降单元，从而可以有效防止不均匀沉降。沉降缝（图7-15）通常设置在下列部位：

① 平面形状复杂的建筑物转折处；

② 建筑物高度或荷载变化差异处；

③ 长高比过大的建筑物适当部位；

④ 建筑结构或基础类型不同处；

⑤ 地基土的压缩性有显著变化处；

⑥ 分期建造房屋的交接处。

沉降缝应有一定的宽度，缝内一般不填充材料，寒冷地区可填防寒、松软材料。

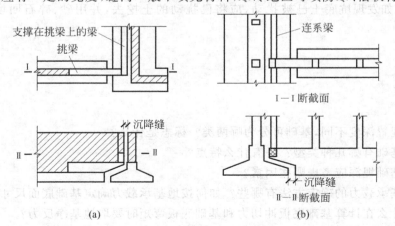

图 7-15　基础沉降缝

（a）混合结构沉降缝；（b）柱下条形基础沉降缝

7.8.3 结构措施

1. 减轻建筑物自重

通常，工业建筑自重荷载占 40%～50%，民用建筑占 60%～70%。减轻自重的措施有：

（1）采用轻质材料或构件，如砌砖、多孔砖等；

（2）采用轻型结构，如轻钢结构、轻型空间结构；

（3）采用自重轻、覆土少的基础形式。

2. 加强建筑物整体刚度和强度

圈梁设置可加强建筑物整体刚度和强度。圈梁一般设在外墙、内纵墙和主要内横墙上，还应在平面内连续成封闭系统，在墙体门窗洞口处应利用附加圈梁进行搭接使其贯通封闭。

3. 加强基础刚度

加强基础平面的整体性，设置必要的条形基础予以拉接，在土质变化或荷载变化处，加设钢筋混凝土地梁，也可选用筏板、箱形基础，增加整体刚度。

4. 减少基底附加压力

设置地下室、半地下室，调整基础宽度和埋深，控制基底压力，减少不均匀沉降。

7.8.4 采用施工措施，减少不均匀沉降

1. 合理安排施工顺序

在软土地基上应先建重、高部分，后建轻、低部分。在高低层之间使用连接构件时，应最后修建，可以减少或调整部分不均匀沉降。

2. 减少地基扰动

开挖基坑时，应尽量减少或避免扰动，通常在坑底保留 200mm 厚的土层，待垫层施工时再挖除。如发现坑底土已被扰动，应将已扰动的土挖去，并用砂、碎石回填夯实至要求标高。

思考题

1. 按埋置深度不同，基础可分为哪两类？标志是什么？

2. 浅基础有哪几种类型？各有什么特点？

3. 浅基础埋深应考虑哪些因素？

4. 地基承载力的确定方法有哪些？如何按地基承载力确定基础底面尺寸？

5. 为什么在计算基础底板冲切力和基础底板弯矩时要取地基净反力？

6. 减小建筑物不均匀沉降的主要措施有哪些？

习题

一、选择题

1. 地基极限荷载（　　）。

    A. 与基础埋深无关　　　　　　　　　　B. 与地下水位有关

    C. 与基础宽度无关　　　　　　　　　　D. 与地基土排水条件有关

2. 在 $\varphi=0$ 的黏土地基上，有两个埋深相同、宽度不同的条形基础，问哪个基础的极限荷载大？（　　）

    A. 宽度大的极限荷载大　　　　　　　　B. 宽度小的极限荷载大

    C. 两个基础的极限荷载一样大

二、判断改错题

1. 对于均质地基来说，增加浅基础的底面宽度，可以提高地基的极限承载力。（　　）

2. 由于土体几乎没有抗拉强度，故地基土的破坏通常都是剪切破坏。（　　）

三、计算题

某圆形基础直径为 2.4m，埋深 1.0m，地基为砂土，$\varphi=35°$，$\gamma=18.07\text{kN/m}^3$。按太沙基公式求地基的极限承载力。

第8章

桩基础及其他深基础

当地基土上部是软弱土层，无法满足建筑物对地基变形和强度方面的要求时，应利用下部坚实土层或岩层作为持力层，采用深基础方案。深基础主要包括桩基础、墩基础、沉井和地下连续墙等类型。

> **重点提示：**
> 当地基上部是软弱土层，无法满足建筑物对地基变形和强度方面的要求时，应利用下部坚实土层或岩层作为持力层，采用深基础方案。

桩基础方案中，桩基础（也简称桩基）一般由设置于土中的桩和承接上部结构的承台组成。根据承台的位置不同，可分为低承台桩基和高承台桩基。前者的承台底面位于地面以下，后者则高出地面。选择桩基方案的建筑物有：

(1) 高层建筑或重要的有纪念性的大型建筑；

(2) 重型工业厂房、荷载过大的仓库、料仓等；

(3) 超高结构物，如输电铁塔、烟囱等；

(4) 软弱地基上的永久性建筑；

(5) 大型精密机械基础、抗震基础。

8.1 桩基础的分类

1. 按承载力情况分类

1) 摩擦桩

当软弱土层很厚时，桩只需打入一定的深度，上部结构荷重由桩侧摩擦阻力和桩尖阻力共同承受，这样的桩即称为摩擦桩（图 8-1(a)）。

> **分析与思考：**
> ① 什么情况下选择桩基础方案？
> ② 桩基础主要靠什么类型的力承载上部荷载？

2) 端承桩

桩穿过软弱土层，打入深层坚实土或岩石上，桩的上部荷载主要由桩端阻力承受，这样的桩即称为端承桩（图 8-1(b)）。

2. 按桩身材料分类

1) 木桩

适用于常年在地下水位以下的地基，常用杉木、松木和橡木等耐久坚韧的木材。木桩承载力低，易腐烂，只用于盛产木材的地区和小型工程中。

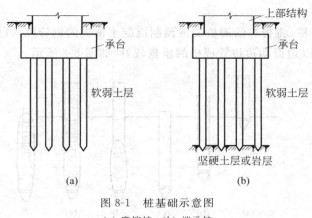

图 8-1 桩基础示意图

(a) 摩擦桩；(b) 端承桩

2) 混凝土桩

在现场开孔至所需深度,随即在孔内浇灌混凝土,经振荡捣实后就成为混凝土桩,其直径一般为 30~50cm,长度小于 25m。

3) 钢筋混凝土桩

一般用预制桩,当桩的直径较大时可做成空心圆柱形截面桩,如南京市中心建造的金陵饭店,37 层,就使用了外径 550mm 空心圆柱形截面桩。

钢筋混凝土桩的优点是承载力大,不受地下水位的限制,但需要复杂的打桩设备及对预制桩剪接的施工。

4) 钢桩

钢桩用各种型钢制作,如钢管桩(外直径为 400~1 000mm,壁厚 9~18mm),H 型钢等。钢桩承载力高,适于重型的设备基础,但价格高,易锈蚀。

3. 按桩的使用功能分类

(1) 竖向抗压桩,主要承受竖向荷载;

(2) 竖向抗拔桩,承受竖向上拔的荷载;

(3) 水平受荷桩,承受水平荷载;

(4) 复合受力桩,同时承受竖向荷载和水平荷载。

4. 按成桩方法分类

(1) 非挤土桩:用干作业法,机械或人工挖孔扩底灌注成桩;泥浆扩壁成桩,套管护壁法成桩。

(2) 部分挤土桩:如冲击成孔灌注桩,钻孔压注成灌注桩,预钻孔打入式预制桩,敞口钢管桩等。

(3) 挤土桩:如挤土灌注桩(沉管灌注桩、爆扩灌注桩)、挤土预制桩(锤击或静压式)。

5. 按桩径大小和施工方法分类

1) 大、中、小桩

小桩直径,$d \leqslant 250$mm,用于基础加固和复合桩基础;中桩直径,250mm$<d<800$mm,用于工业和民用建筑基础,应用广泛;大桩直径,$d \geqslant 800$mm,用于高层和重要建筑物基础。

2）灌注桩

（1）沉管灌注桩，将带有活瓣桩尖或预制混凝土桩尖的钢管沉入（锤击或静压）土中，向管中灌注混凝土，以边振动边拔管成桩的质量较好，如图 8-2 所示。

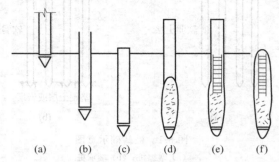

图 8-2　沉管灌注桩施工

（a）就位；（b）沉管；（c）灌注混凝土；（d）振动拔管；（e）放钢筋笼；（f）成型

（2）钻孔灌注桩，利用各种钻孔机具钻孔，清除孔内泥土，再向孔内灌注混凝土。

（3）冲孔灌注桩，用冲击钻头成孔，灌注混凝土成桩。冲击成孔时一般用泥浆护壁。

（4）钻孔压浆成桩，先用长螺旋钻至设计深度，打开在钻头下特制的喷嘴阀门，使高压水泥浆从孔底喷出，把长螺旋钻头带土由孔底顶出至无塌孔危险的高程，起钻后放置钢筋笼，投放粗骨料，然后向孔中补浆，直至浆液达到孔口为止。

3）扩底桩

用钻机钻孔后，再通过钻杆底部装置的扩力，将孔底再扩大。钻杆旋转时逐渐撑开扩大，其扩大角使孔底扩大后可提高桩的承载力，此种桩用于地下水位以上的坚硬、硬塑的黏性土及中密以上的砂土地基。

4）预制桩

预制桩是指预先制成桩，利用打桩设备打入地基的各种桩，包括钢筋混凝土桩、钢桩和木桩。

5）嵌岩桩

当地表下不深处有基岩时，可用嵌岩桩。大直径嵌岩桩要求桩的周边实际嵌入岩体深度大于 0.5m。

6）爆扩灌注桩

用钻机成孔或用炸药爆炸成孔，在孔底再放炸药爆炸扩孔，扩大桩头直径为桩身直径的 2.5～3.5 倍，在孔内灌注混凝土成桩，适用于地下水位以上能爆扩成形的黏性软土中。

8.2　桩的设计内容和设计原则

8.2.1　设计内容

（1）确定单桩的竖向和水平承载力设计值；

（2）选择桩的类型和断面、几何尺寸；

（3）布置桩的数量、间距和平面分布；

（4）验算桩基础的承载力和地基变形；

（5）桩身结构设计及承台设计；

（6）绘制桩基础施工图。

8.2.2 桩基础设计原则

1. 一般设计原则

桩基础设计按行业标准《建筑桩基技术规范》（JGJ 94—2008）规定执行。

1）桩基础极限状态

（1）承载力极限状态，对应桩基础达到最大承载能力或整体失稳发生不容许的变形。

（2）正常使用极限状态，对应于桩基础达到建筑物正常使用所规定的变形限制及耐久性要求的限制。

2）承载能力极限状态的计算

（1）进行桩基础的竖向承载力和水平承载力计算；对群桩基础应考虑由桩群、土、承台相互作用产生的承载力群桩效应。

（2）对桩身及承台强度进行计算。

（3）对于桩端平面以下有软弱下卧层的桩基础，应验算下卧层承载力。

（4）对于坡地、岸边的桩基础应验算整体稳定性。

（5）按规范规定对桩基础进行抗震验算，按承载能力极限状态的计算应采用荷载效应的基本组合和地震验算作用效应组合。

3）正常使用极限状态的验算

（1）对桩端持力层为软弱土的一、二级建筑桩基础应验算沉降，并考虑上部结构与基础的共同作用。

（2）受水平荷载较大及对水平变位要求严格的一级建筑桩基础验算水平变位。

（3）对使用不允许混凝土出现裂缝的桩基础应进行抗裂验算，必要时进行裂缝宽度验算。

使用极限状态验算桩基础沉降时应采用荷载的长期效应组合。

2. 特殊土地基的桩基础设计原则

对软土地区、湿陷性黄土地区、季节性冻土地区、膨胀土地区、岩溶地区、坡地岸边、抗震设防区的桩基础设计原则见《建筑桩基技术规范》（JGJ 94—2008）有关规定。

8.3 单桩竖向荷载的传递及承载力

8.3.1 单桩竖向荷载传递

在桩顶竖向荷载作用下，桩身横截面上会产生竖向力和竖向位移。由于桩身和桩周围土的相互作用,受荷下移的桩体挤压土体发生变形对桩侧面产生向上的摩擦阻力,初期荷载由摩擦阻力承担,随荷载继续增大,桩端阻力开始起作用。根据试验资料,当桩与土的相对位移达到某值(黏土为 4～6mm、砂土为 6～10mm)时,摩擦阻力达到极限。

单桩轴向荷载的传递过程就是桩侧阻力与桩端阻力的发挥过程。桩顶荷载通过发挥出来的侧阻力传递到桩周土层中去,从而使桩身轴力与桩身压缩变形随深度递减,如图 8-3 所示。一般来说,靠近桩身上部的土层侧阻力先于下部土层发挥,侧阻力先于端阻力发挥,桩端阻力的作用不仅滞后于桩阻力,而且其充分发挥作用所需的桩底位移值比桩侧摩擦阻力到达极限所需的桩身截面位移值大得多。根据小型桩试验所得的桩底极限位移 δ_u 值,对砂类土为 $d/12$～$d/10$,对黏性土为 $d/10$～$d/4$,其中 d 为桩直径。

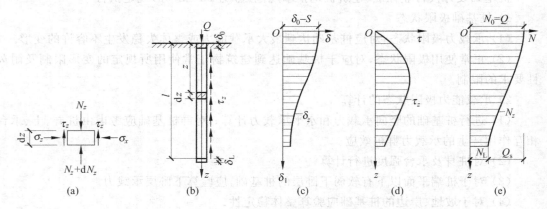

图 8-3　单桩轴向荷载传递

(a) 桩微单元体的受力状态；(b) 轴向受压的单桩；(c) 截面位移曲线；(d) 摩擦阻力分布曲线；(e) 轴力分布曲线

从图 8-3 可以看出,桩顶位移 S 大于桩端位移 δ_L,其关系为:S 等于 δ_L 加桩身压缩量；桩身上段土相对位移较大,桩侧摩擦阻力起作用,其大小与桩侧土的竖向有效应力成正比,故摩擦阻力随深度增大而增大；桩身下段桩土相对位移随深度增大而减小,摩擦阻力逐渐减小,摩擦阻力的作用减小；桩顶轴力 N_0 最大时,$N_0 = Q$,桩端轴力为 N_L,即桩端阻力最小。

$$Q = N_L + \sum u\tau_i L_i。$$ 对于端承桩,$N_L \approx Q$。

8.3.2　桩侧负摩擦阻力

桩土之间相对位移的方向,对荷载传递的影响很大。当土层相对桩侧向下位移,产生于桩侧的向下的摩擦阻力称为负摩擦阻力。

桩侧负摩擦阻力的产生,使桩的竖向承载力减小,而桩身轴力加大。因此,负摩擦阻力的存在对桩基础是很不利的。为防止或减少负摩擦阻力,在设计时应注意下列事项:

(1) 对于填土,先保证其密实度,填土地面沉降稳定后成桩。

(2) 对可能产生负摩擦阻力的桩身进行表面涂层处理,以减少摩擦阻力。

(3) 对于湿陷性黄土地基,采用强力压实,消除上部或全部土层的自重湿陷性。

(4) 采用其他施工方便的有效措施。

8.3.3 单桩竖向承载力的确定

选定桩的类型后,根据建筑桩的安全等级、荷载及地质条件确定单桩的竖向承载能力。单桩的竖向承载力,一方面取决于桩本身的材料强度,另一方面取决于地层的支撑力。

1. 单桩竖向极限承载力标准值的确定方法

(1) 一级建筑桩基应采用现场静荷载试验,并结合静力触探、标准贯入等原位测试方法综合确定。

(2) 二级建筑桩基应根据静力触探、标准贯入、经验参数等估算,参照地质条件相同的试桩资料综合确定,必要时由现场静荷载试验确定。

(3) 对三级建筑桩基,可利用承载力经验数估算。

2. 竖向抗压静载荷试验

静载荷试验是确定单桩承载力较可靠的一种方法。试验要求:对于挤土桩,孔隙压力消散需要时间,为了反映真实的承载力值,桩施工后,砂土荷载试验间歇时间不得少于10天;粉土和黏性土不得少于15天;饱和软黏土不得少于25天。在同一条件下进行静荷载试验的桩数不宜少于总桩数的1%。工程桩总桩数在50根以内时不应少于2根。

现场试验使用如图8-4所示的锚桩横梁反力装置,试验荷载通过油压千斤顶施加在桩上。装置提供的反力应不小于预估最大试验荷载的1.2~1.5倍。

加载采用慢速维持荷载法,逐级加载,每级荷载达到相对稳定后加下一级荷载,直至试验破坏,然后分级卸载到零。每级加载为预估极限荷载的1/15~1/10。第一级可按2倍分级荷载加载。每级加载后,隔5min,10min,15min各测读一次,以后每隔15min读一次,累计1h后每隔半小时读一次。在每级荷载作用

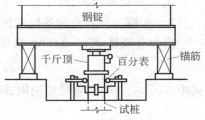

图8-4 锚桩试验简图

下,每小时的沉降不超过0.1mm,并连续出现两次,认为已达到稳定,可加下一级荷载。

当试验出现下列情况之一时,可终止加载:

(1) 某级荷载作用下,桩的沉降量为前一级荷载作用下沉降量的1.5倍;

(2) 某级荷载作用下,桩的沉降量大于前一级荷载作用下的沉降量的2倍,且在24h尚未达到稳定状态;

(3) 已达到锚桩最大抗拔力或压重平台的最大质量时。

3. 单桩的竖向极限承载力标准值

单桩的竖向极限承载力标准值通过综合方法分析确定。

(1) 根据沉降随荷载的变化特征确定极限承载力:对于陡降型Q-S曲线,取Q-S曲线发生明显陡降的起始点,如图8-5所示。

(2) 根据沉降量确定极限承载力:对于缓变型Q-S曲线,一般可取$S=40\sim60$mm对应的荷载;对于大直径桩,可取$S=$

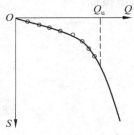

图8-5 沉降Q-S曲线

$(0.03\sim0.06)d_b(d_b$ 为桩端直径$)$所对应的荷载值；对于细长桩$(l/d>80)$，可取 $S=60\sim80\text{mm}$ 对应的荷载。

（3）根据沉降随时间的变化特征确定极限承载力，取 $S\text{-}\lg t$ 曲线尾部出现明显向下弯曲的前一级荷载值。

单桩竖向极限承载力标准值应根据试桩位置、实际地质条件、施工情况综合确定。当各试桩条件基本相同时，单桩竖向极限承载力标准值 Q_{uk} 按下式确定：

$$Q_{uk}=\lambda Q_{um} \tag{8-1}$$

式中　Q_{um}——各试桩的实测极限承载力的平均值；

λ——折减系数，$\lambda\leqslant1$，确定方法见《建筑桩基技术规范》（JGJ 94—2008）附录 C。

8.3.4　按规范方法确定单桩竖向极限承载力标准值

根据《建筑桩基技术规范》（JGJ 94—2008）（简称"规范"）的条文说明，单桩竖向极限承载力标准值经验计算公式为

$$Q_{uk}=Q_{sk}+Q_{pk}=u\sum q_{sik}l_i+q_{pk}A_p \tag{8-2}$$

式中　u——桩身周长，m；

q_{sik}——桩侧第 i 层土的极限侧阻力标准值，无当地经验值时，可查规范中的相关表；

q_{pk}——极限端阻力标准值，无当地经验值时，查规范中的相关表；

A_p——桩端面积，m^2；

l_i——按土层划分的各段桩长，m。

当大直径桩 $d\geqslant0.8\text{m}$ 时，极限承载力标准值按下式计算：

$$Q_{uk}=u\sum\varphi_{si}q_{sik}l_{si}+\varphi_p q_{pk}A_p \tag{8-3}$$

式中　φ_{si},φ_p——大直径桩侧限、端阻尺寸效应系数，查规范相应表，其他意义同上。

8.4　桩基础设计

8.4.1　桩基础设计程序

（1）根据地质剖面和土的特性，选择桩的工作类型为端承桩或摩擦桩；

（2）根据当地具体条件，选择桩的材料；

（3）确定桩的长度和单桩垂直承载力；

（4）确定桩的数量和平面布置形式。

当轴心受压时，桩数 n 为

$$n=\frac{F+G}{Q} \tag{8-4}$$

式中　F——作用在桩基上的垂直荷载设计值，kN；

G——桩基础承台自重和承台上的土重，kN；

Q——单桩轴向垂直力，kN。

当偏心受压时

$$n = \mu \frac{F+G}{Q} \tag{8-5}$$

式中　μ——桩基础偏心受压系数，一般取 $1.1 \sim 1.2$。

桩的平面布置，通常桩的间距宜取 $(3 \sim 4)d$（桩径），平面布置根据基础的大小，采用一字形、梅花形或行列式形。桩与基础边的净距不小于 $\frac{1}{2}d$。

8.4.2　桩基础验算

1. 单桩受力验算

（1）轴心受压时

$$Q = \frac{F+G}{n} \leqslant R \tag{8-6}$$

（2）偏心受压时，除满足式（8-5）外，还应满足

$$Q_{\max} \leqslant 1.2R$$

$$Q_i = \frac{F+G}{n} + \frac{M_x y_i}{\sum y_i^2} + \frac{M_y x_i}{\sum x_i^2} \tag{8-7}$$

式中　Q_i——单桩 i 所承受的压力，kN；

M_x, M_y——作用于桩群上的外力对通过桩群重心的 x, y 轴的力矩，kN·m；

x_i, y_i——桩 i 至通过桩群重心的 x, y 轴线的距离，m。

桩基础水平抗推力为各单桩的水平抗推力的总和，同时可考虑桩基础承台边侧的被动土压力作用。当水平推力较大时，应设置斜桩。

2. 群桩效应

由 2 根以上的桩组成的桩基础称为群桩基础。在竖向荷载作用下，承台、桩、土相互作用，群桩基础的单桩与独立的单桩有显著差别，这种现象称为群桩效应。群桩的承载力用下式表示：

$$Q_G = \eta \sum Q_i$$

式中　Q_G——群桩承载力；

η——群桩效用系数；

Q_i——各单桩承载力。

端承桩接近独立单桩，此时 $\eta \approx 1$；当摩擦型桩的桩距过小，桩距小于 $3d$ 时（d 为桩径），群桩中每根桩的平均承载力常小于单桩承载力，此时 $\eta < 1$；当桩距大于 $6d$ 时，应力重叠现象较小，对于较疏松的砂类土和粉土中的挤土群桩，其桩间土和桩端土被明显挤密，此时 $\eta > 1$。

由于摩擦型桩组成的群桩基础，当其承受竖向荷载而沉降时，承台底面一般与地基土紧密接触，因此承台底面必产生土反力，从而分担了一部分荷载，使桩基础承载力随之提高。考虑到一些因素可能会导致承台底面与地基土脱开，为了保证安全可靠，设计时一般不考虑

承台贴地时承台底面反力对桩基础承载力的影响。应该指出，在设计群桩基础时，一般取 $\eta = 1$。

8.4.3 桩身结构设计

1. 混凝土预制桩

预制桩的混凝土强度等级不低于 C30，预应力混凝土桩的混凝土强度等级不低于 C40。混凝土预制桩的截面边长不应小于 200mm；预应力混凝土预制桩的截面边长不应小于 350mm；预应力混凝土离心管桩的外径不应小于 300mm。

> **重点提示：**
>
> 建筑工程专业的学生很重要的专业素质是精通图表，读懂图表的每一部分和符号。桩的结构施工图是较复杂的图，要用心读懂，而且能够规范地画出来。

预制桩的最小配筋率一般不宜小于 0.80%。如采用静压法沉桩时，最小配筋率不小于 0.40%。当预制桩截面边长在 300mm 以下时，可用 4 根 φ12～φ25 的主力筋，箍筋直径为 6～8mm，且间距不大于 200mm。在桩顶和桩尖处应适当加密。用打入法沉桩时，直接受到锤击的桩顶应放置三层钢筋网。桩尖在沉入土层时以及使用期要克服土的阻力，可将所有主筋焊在一根圆钢上，或在桩尖处用钢筋进一步加强。主筋的混凝土保护层应不小于 30mm。桩在混凝土强度达到要求后方可起吊和搬运。

混凝土预制桩的主筋应通过计算确定。计算表明，普通钢筋混凝土桩的配筋常由起吊和吊立的强度计算控制。混凝土预制桩施工详图如图 8-6 所示。

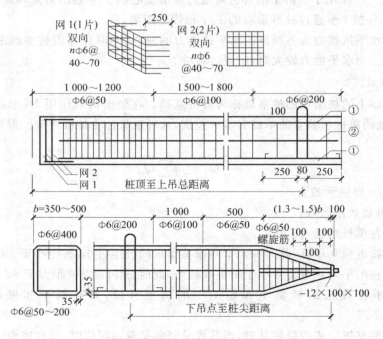

图 8-6 混凝土预制桩施工详图

2. 灌注桩

灌注桩的混凝土强度等级不低于 C15,骨料不大于 40mm,坍落度采用 50～70mm。沉管灌注的预制桩尖,其强度等级不低于 C30。

符合下列条件的灌注桩,其桩身可按构造配筋。

(1) 桩顶轴向压力符合下式:

$$\gamma_{saf} N \leqslant f_c A \tag{8-8}$$

式中　γ_{saf}——建筑桩重要性系数;

N——桩顶轴向压力设计值;

f_c——混凝土轴心抗压强度设计值;

A——桩身截面面积。

(2) 桩顶水平力符合下述半经验公式:

$$\gamma_{saf} H_1 \leqslant \alpha_h d^2 \left(1 + \frac{0.5 N_G}{\gamma_m f_t A} \sqrt[5]{1 - 5d^2 + 0.5d}\right) H \tag{8-9}$$

式中　H_1——桩顶水平力设计值,kN;

α_h——综合系数,见表 8-1;

d——桩身设计直径,m;

N_G——桩顶永久荷载(基本组合)产生的轴向力设计值,kN;

f_t——混凝土轴心抗拉强度设计值,kPa;

γ_m——桩身截面抵抗矩的塑性系数,对于圆截面,$\gamma_m = 2$,对于矩形截面,$\gamma_m = 1.75$;

A——桩身截面面积,m^2;

H——作用于桩基础承台底面的水平力设计值,kN。

表 8-1　综合系数 α_h

序号	上部土层名称性状 (承台下 $2(d+1)$ 深度范围内)	桩身混凝土强度等级		
		C15	C20	C25
1	淤泥、淤泥质土、饱和湿陷性黄土	32～37	39～44	46～52
2	流塑、软塑状黏性土,高压缩性粉土,松散粉细砂,松散填土	37～44	44～52	52～62
3	可塑性黏性土、中压缩性粉土、稍密砂土,稍密、中密填土	44～53	52～64	62～76
4	硬塑、坚硬黏性土,低压缩性粉土、中密土,粗砂、密实填土	53～65	64～79	76～94
5	中密、密实砾砂、碎石类土	65～81	79～98	94～116

注:当桩基础长期受水平荷载或常出现水平荷载时,表中土层分类顺降一类。

符合式(8-8)或式(8-9)要求者,桩身构造配筋如下:

(1) 一级建筑桩基础,应配置桩顶与承台的连接钢筋笼,主筋采用 6～10 根 φ12～φ14,配筋率不小于0.20%,锚入承台 30 倍主筋直径,伸入桩身长度不小于 $10d$(d 为桩身直径),且应伸入承台下软弱土层的层底以下。

(2) 二级建筑桩基础可配置 4～8 根 φ10～φ12 的主筋,桩顶与承台连接钢筋,锚入承台至少 30 倍主筋直径,伸入承台深度不小于 $5d$。配筋长度应伸入承台下软弱土层层底以下。

（3）三级建筑桩基础可不配构造钢筋。

8.4.4　承台设计

承台的作用是把多根桩联结成一个整体,共同承受上部荷载,同时把上部荷载通过桩承台传到各根桩的桩顶。

1. 承台构造

承台分为高桩承台和低桩承台。桩顶位于地面以上一定高度的承台,称高桩承台,多应用于桥梁、码头工程中;凡桩顶位于地面以下的桩承台称低桩承台,低桩承台与浅基础一样要求底面埋置于当地冻结深度以下。

承台的最小宽度不应小于 500mm,边桩中心至承台边缘的距离不小于桩的直径或边长,桩的外边缘至承台边缘的距离不小于 150mm。对于墙下条形承台,桩的外边缘至承台边缘的距离不小于 75mm。

条形承台和柱下独立桩基础承台的最小厚度为 300mm。

承台混凝土强度不低于 C20,承台底面钢筋混凝土保护层厚度不小于 70mm。当有混凝土垫层时,可适当减少。

承台的配筋,对于矩形承台,应双向均匀通长布筋,直径不小于 φ10,间距不大于 200mm;对于三桩承台,最里面的三根钢筋围成的三角形应在桩截面范围内。

桩顶嵌入承台内的长度不小于 50mm。混凝土桩的桩顶主筋伸入承台内锚固长度不小于钢筋直径的 30～40 倍,预应力混凝土桩采用钢筋与桩头钢板焊接的连接方法。

承台之间的连接:对于单桩承台,可在两个互相垂直方向上设置连系梁;对于两桩承台,宜在其短向方向上设置连系梁;抗震要求柱下独立承台,在两个主轴方向设置连系梁。连系梁顶面宜与承台位于同一标高。

2. 承台的受弯承载力计算

各种承台均应按现行的《混凝土结构设计规范》(GB 50010—2010)进行受弯、受冲切、受剪切和局部承压承载力计算。

1) 柱下多桩矩形承台

承台弯矩的计算截面应取在柱边和承台高度变化处并按下式计算:

$$M_x = \sum N_i y_i \qquad (8\text{-}10)$$

$$M_y = \sum N_i x_i \qquad (8\text{-}11)$$

式中　M_x,M_y——垂直于 y 轴和 x 轴方向计算截面处的弯矩设计值;

x_i,y_i——垂直于 y 轴和 x 轴方向自桩轴线到相应计算截面的距离,m;

N_i——扣除承台和其上填土自重后相应于荷载效应基本组合时的第 i 桩竖向力设计值,kN。

2) 承台受冲切计算

承台冲切破坏有两种方式:一是沿柱或墙边的冲切;二是单一基桩对承台的冲切。

柱(墙)下桩基承台受冲切承载力计算公式如下:

$$\gamma_{saf}F_L \leqslant \alpha f_t u_m h_0 \tag{8-12}$$

$$F_L = F - \sum N_i \tag{8-13}$$

$$\alpha = \frac{0.72}{\lambda + 0.2}$$

式中　F_L——作用于冲切破坏锥体上的冲切力设计值；

　　　f_t——承台混凝土抗拉强度设计值；

　　　u_m——冲切破坏锥体一半有效高度处周长；

　　　h_0——承台冲切破坏锥体有效高度；

　　　α——冲切系数；

　　　λ——冲跨比，$\lambda = a_0/h_0$，a_0 为冲跨，即柱墙边或承台变阶处到桩边的水平距离（当 $a_0 \leqslant 0.2h_0$ 时，取 $a_0 = 0.2h_0$；当 $a_0 > h_0$ 时，取 $a_0 = h_0$；λ 一般为 0.2~1.0）；

　　　F——作用于柱（墙）底的竖向荷载设计值；

　　　N_i——冲切破坏锥体范围内各基桩的净反力设计值。

对于圆柱及圆桩，计算时应将截面换算成方桩，即取换算柱截面边宽 $b_c = 0.8d_c$，换算桩截面边宽 $b_p = 0.8d$（d 为桩身半径）。

例 8-1　有截面边长为 500mm 的钢筋混凝土实心方桩，打入 10m 深的淤泥和淤泥质土后，支撑在质硬的岩石上，作用在桩顶的垂直压力 $N = 1\,000$kN，桩身弹性模量为 3×10^4 N/mm^2。试估算该桩的沉降量。

解　该桩属端承桩，忽略桩侧阻力，硬质岩石变形不计，桩身压缩量即为桩的沉降量，故

$$S = \frac{NL}{AE} = \frac{1\,000 \times 10}{0.5 \times 0.5 \times 3 \times 10^7}\text{m} = \frac{1}{750}\text{m} = 0.001\,33\text{m} = 1.33\text{mm}$$

例 8-2　某地基土层分布是：粉质黏土厚度 3m，桩端阻力特征值 $q_{s1a} = 24$kPa；粉土厚度 4m，$q_{s2a} = 20$kPa；中密中砂，桩端进入深度 1.0m，$q_{s3a} = 30$kPa，桩端阻力，$q_{pa} = 2\,600$kPa。现用 400mm×400mm 的预制桩，承台底面在天然地面以下 1.0m。试确定单桩承载力特征值。

解
$$R_a = q_{pa}A_p + \mu_p \sum q_{sia}l_i$$
$$= [2\,600 \times 0.4 \times 0.4 + 4 \times 0.4 \times (24 \times 2 + 20 \times 4 + 30 \times 1)]\text{kN}$$
$$= (416 + 252.8)\text{kN} = 668.8\text{kN}$$

8.4.5　桩的质量检验

（1）开挖检查，检查开挖外露部分。

（2）钻芯法。在灌注桩桩身内钻孔，取混凝土芯进行观察并进行单轴抗压试验，了解桩的施工质量。此法较费时，对钻孔技术要求高。

（3）声波检测法。预先在大桩中埋入 3~4 根金属管，试验时在其中一根管内放入发射器，在其他管中放入接收器，利用超声波在不同强度的混凝土中传播速度的变化进行质量检测。也可以在不同深度进行检测。

（4）动测法。可分为 PDA（打桩分析仪）大应变动测法，PIT（桩身结构完整性分析仪）动测法（灵敏准确），锤击激振、机械阻抗共振、水电效应等小应变动测法。动测法是及时发现桩基隐患，保证工程质量的重要手段。

8.5　其他深基础简介

8.5.1　沉井基础

沉井基础是一个由混凝土或钢筋混凝土等制成的井筒结构物。施工时，先就地制作第一节井筒，用人工或机械在筒内挖土、取土，土挖出后，沉井在自重作用下克服土的阻力而下沉。随着沉井的下沉，逐步加高井筒，沉到设计标高后，在其下端浇混凝土封底。上端可砌筑上部结构或用低强度混凝土、砂石填充井筒。

沉井在下沉过程中，井筒就是施工期间的围护结构，其构造和力学计算应全部满足各个阶段的要求。

8.5.2　地下连续墙

用专门挖槽机开挖狭而深的基槽，在槽内分段浇筑而成的钢筋混凝土墙即为地下连续墙。这种墙可作为挡土墙、防渗墙及高层建筑地下室的外墙。

施工时，先修导墙，采用泥浆护壁、槽内挖土，放钢筋笼，浇筑混凝土，后成墙，依次进行下一槽段的施工。墙身完成后再进行墙内基坑挖土，继续完成基础结构及上部结构的施工。

地下连续墙的结构设计应考虑两种情况：

（1）作挡土结构用时，墙承受土压力、水压力的挡土墙结构计算，应考虑在施工不同阶段墙两侧压力的变化情况。

（2）作主体承重结构用时，施工阶段按挡土墙结构计算，也要进行墙身在各种荷载作用下的强度计算及墙底地基强度验算。

思考题

1. 试述桩基的分类情况。
2. 什么情况下选用桩基？
3. 桩的设计内容有哪些？
4. 摩擦桩与端承桩的区别在哪里？
5. 什么是混凝土预制桩？什么是混凝土灌注桩？

习题

一、选择题

1. 产生桩侧负摩擦阻力的情况是(　　)。

    A. 堆载使桩周土压密　　　　　　　　B. 桩端未进入坚硬土层

    C. 桩顶荷载加大　　　　　　　　　　D. 桩侧土层软弱

2. 在不出现负摩擦阻力的情况下,摩擦型桩身轴向分布特点之一是(　　)。

    A. 桩顶轴力最大　　　　　　　　　　B. 桩端轴力最大

    C. 桩身轴力为一常数　　　　　　　　D. 桩身某处轴力最大

3. 承台的最小宽度不应小于(　　)mm。

    A. 300　　　　　　B. 400　　　　　　C. 500　　　　　　D. 600

4. 条形承台和柱下独立桩基承台的最小厚度为(　　)mm。

    A. 300　　　　　　B. 400　　　　　　C. 500　　　　　　D. 600

二、判断改错题

1. 单桩竖向承载力的确定仅取决于土层的支撑力。(　　)

2. 非挤土桩由于桩径较大,故其桩侧摩擦阻力常较挤土桩大。(　　)

3. 地下水位下降有可能对端承型桩产生摩阻力。(　　)

4. 对于摩擦桩,只要施工条件许可,桩距可不受规范规定的最小桩距的限制。(　　)

三、计算题

1. 某区从天然地面起往下的土层分布是:粉质黏土,厚度 $l_1 = 3$m,$q_{s1a} = 24$kPa;粉土,厚度 $l_2 = 6$m,$q_{s2a} = 20$kPa;中密的中砂,$q_{s3a} = 30$kPa,$q_{pa} = 2\,600$kPa。现采用截面边长为 350mm×350mm 的预制桩,承台底面在天然地面以下 1.0m,桩端进入中密中砂的深度为 1.0m,试确定单桩承载力特征值。

2. 某 4 桩承台埋深 1m,桩中心距 1.6m,承台边长为 2.5m,作用在承台顶面的荷载标准值为 $F_k = 2\,000$kN,$M_k = 200$kN·m。若单桩竖向承载特征值 $R_a = 550$kN,试验算单桩承载力是否满足要求。

第9章

软弱地基及处理

9.1 概述

9.1.1 软弱地基处理的目的

(1) 改善压缩特性,减少地基土的沉降;

(2) 改善地基土的承载力,尤其是抗剪强度;

(3) 改善动水特性,防止地基土液化,改善土的透水特性,保护地基的稳定性;

(4) 对特殊土,如黄土、膨胀土的不良特性进行有益的改进。

9.1.2 软弱地基土的工程特性

(1) 天然含水率高,淤泥质土常常大于液限,呈流塑状态;

(2) 孔隙比大,通常 $e \geq 1.0$,其中 $e \geq 1.5$ 的土称为淤泥,$1.0 < e < 1.5$ 的土称淤泥质土;

(3) 压缩性高,压缩系数为 $0.7 \sim 1.5 \mathrm{MPa}^{-1}$,最差的淤泥可达 $4.5 \mathrm{MPa}^{-1}$,属超高压缩性土;

(4) 渗透性差,这类土的地基沉降会持续几十年才能稳定;

(5) 絮状结构,结构受到扰动时,土的强度显著降低。

> **重点提示:**
>
> 软弱地基土的工程特性有:天然含水率高;孔隙比大,通常 $e \geq 1.0$;压缩性高;渗透性差;结构受到扰动时,土强度低。

9.1.3 地基处理方法

地基处理方法按处理深度分为浅层处理和深层处理;按时间可分为临时处理和永久处理;按土性分为砂性土处理和黏性土处理;按作用机制分土质改良、土的置换、土的补强,处理方法见表 9-1。

表 9-1 地基处理方法分类

分类	处理方法	原理及作用	适用范围
换土垫层	素土垫层 砂垫层 碎石垫层	挖除浅层软弱土,用砂、石或灰土等强度较高的土料代替,以提高持力层土的承载力,减少沉降量;消除或部分消除土的湿陷性、胀缩性及防止土的冻胀作用;改善土的抗液化性能	适用于处理浅层软弱土地基、湿陷性黄土地基(只能用灰土垫层)、膨胀土地基、季节性冻土地基
挤密或振冲	砂桩挤密法 灰土桩挤密法 石灰桩挤密法 振冲法	通过挤密或振动使深层土密实,并在振动挤压过程中,回填砂、砾石等材料,形成砂桩或碎石桩,与桩周土一起组成复合地基,从而提高地基承载力,减少沉降量	适用于处理砂土、粉土、填土及湿陷性黄土地基
碾压夯实	机械碾压法 振动压实法 重锤夯实法 强夯法	通过机械碾压或夯击压实土的表层,强夯法则利用强大的夯击,迫使深层土液化和动力固结而密实,从而提高地基土的强度,减少沉降量,消除或部分消除黄土的湿陷性,改善土的抗液化性能	一般适用于砂土、含水率不高的黏性土及填土地基,强夯法应注意其振动对附近(约 30m 内)建筑物的影响
预压	堆载预压法 砂井堆载预压法 砂井真空预压法 井点降水预压法	通过改善地基的排水条件和施加预压荷载,加速地基的固结和强度增长,提高地基的强度和稳定性,并使基础沉降提前完成	适用于处理厚度较大的饱和软土层,但需要具有预压的荷载和时间,对于厚的泥炭层则要慎重对待
胶结加固	硅化法 高压喷射注浆法 碱液加固法 水泥灌浆法 深层搅拌法	通过注入水泥、化学浆液,将土粒黏结;或通过化学作用、机械拌和等方法,改善土的性质,提高地基承载力	适用于处理砂土、黏性土、粉土、湿陷性黄土等地基,特别适用于对已建成的工程地基事故处理
加筋	土工合成材料 加筋土 树根桩	通过在土层中埋设强度较大的土工合成材料、拉筋、受力杆件等,提高地基承载力和稳定性,减少沉降量	土工合成材料适用于处理软弱地基,或用作反滤、排水和隔离材料;加筋土适用于人工填土的路堤和挡墙结构;树根桩适用于处理各类软弱地基

9.1.4 地基处理方法的选择

在选择地基处理方案时,应考虑如下因素:

(1) 应与工程规模和当地土的类别相适应;

(2) 上部结构要求;

(3) 能使用的材料;

(4) 可能选用的机械设备、加固技术;

(5) 周围环境和邻近建筑的安全;

（6）施工技术、施工工期及经济资金的条件。

选择的原则是做到技术先进、安全适用、确保质量、就地取材、保护环境、经济合理。

9.2　换土垫层法

换土垫层法是将基础底面以下一定范围内的软弱土层挖除，然后回填砂土、素灰土等强度较大的材料，分层夯实成为新的地基垫层。下面介绍换土垫层的作用及适用范围。

1. 作用

经过换土提高了地基的承载力，减少了地基的沉降量，加速了软弱土的排水固结，防止出现冻胀和消除膨胀土地基的胀缩作用。

2. 适用范围

适用于淤泥、淤泥质土、湿陷性黄土、杂填土、暗沟、暗塘等浅层处理。换土垫层多用于多层和低层建筑的地基处理，对于湿陷性黄土地基宜用素土或灰土垫层，但不宜用砂垫层。砂垫层在房屋建筑、堤坝工程中优先应用。

3. 砂垫层的设计

1）设计应满足的条件

（1）满足对地基的强度和变形要求；

（2）有足够的厚度置换可能被剪切破坏的软弱土层，也有足够的宽度防止砂垫层两侧土被挤出。

2）砂垫层的厚度

砂垫层的厚度、垫层的厚度不宜大于 3m。垫层底面处的附加应力值 p_z 可按下式计算：

条形基础

$$p_z = \frac{b(p_k - p_c)}{b + 2z\tan\theta} \tag{9-1}$$

矩形基础

$$p_z = \frac{bl(p_k - p_c)}{(b + 2z\tan\theta)(l + 2z\tan\theta)} \tag{9-2}$$

$$p_z + p_{cz} \leqslant f_{az} \tag{9-3}$$

式中　p_z——相应于荷载效应标准组合时，垫层底面处的附加应力，kPa；

p_{cz}——垫层底面处自重压力标准值，kPa；

f_{az}——垫层底面处下卧土层地基承载力标准值；

p_k——相应于荷载效应标准组合时，基础底面的平均压力值，kPa；

b——矩形或条形基础底面宽度，m；

l——矩形基础底面长度，m；

z——基础底面下垫层的厚度，m；

θ——垫层的压力扩散角，按表 9-2 采用。

表 9-2 压力扩散角 θ

θ/(°) 土类 z/b	换填材料		
	碎石、砾砂、粗中砂、石屑、矿渣	粉质黏土、粉煤灰(8I_P<14)	灰土
0.25	20	6	28
≥0.50	30	23	28

注：当 z/b≤0.25 时,θ=0°。

3) 砂垫层的宽度

目前常用的经验公式为

$$b' = b + 2z\tan\theta \tag{9-4}$$

式中 b'——垫层底面宽度,m;垫层顶面宽度宜大于基础底面每边 300mm 以上。

砂垫层的承载力应通过现场试验确定或按规范选用。

4) 砂垫层的施工要点

砂垫层的施工要点如表 9-3 所示。

(1) 砂垫层材料有良好的压实加密性能,其颗粒级配的不均匀系数大于或等于 5,宜采用砾砂、粗砂、中砂,不得含有草根和垃圾等有机物质。

(2) 在地下水位以下施工时,应采用排水措施,使基坑保持无积水状态。

(3) 砂垫层的施工方法可采用碾压法、振动法、夯实法等多种方法。施工时应分层铺筑,在下层达到质检标准后,方可进行上层施工。

表 9-3 砂和砂石垫层的施工方法及每层铺筑厚度、最佳含水率

项次	捣实方法	每层铺筑厚度/mm	施工时的最佳含水率/%	施工说明	备注
1	平振法	200~250	15~20	用平板式振捣器往复振捣(宜用功率较大者)	不宜用于细砂或含泥量较大的砂
2	插振法	振捣器插入深度	饱和	① 用插入式振捣器; ② 插入间距可根据机械振幅大小决定; ③ 不应插至下卧黏性土层; ④ 插入振捣完毕后,所留的孔洞,应用砂填实	不宜用于细砂或含泥量较大的砂
3	水撼法	250	饱和	① 注水高度应超过每次铺筑面层; ② 用钢叉摇撼捣实,插入点间距为 100mm; ③ 钢叉分四齿,齿的间距 8cm,长 300mm,木柄长 900mm	湿陷性黄土、膨胀土地区不得使用
4	夯实法	150~200	8~12	① 用木夯或机械夯; ② 木夯质量 40kg,落距 0.4~0.5m; ③ 一夯压半夯,全面夯实	
5	碾压法	250~350 或>350	8~12	质量 6~15t 的压路机往复碾压(15t 以上振动压路机的影响深度可达 1.5m)	① 适用于大面积砂垫层; ② 不宜用于地下水位以下的砂垫层

5）砂层施工质量检验

（1）贯入测定法，检测时将表面砂刮去3cm左右，用贯入仪等以贯入度大小检查砂垫层质量，以不大于通过试验时所确定的贯入度为合格。

（2）环刀取样法，压实后的砂垫层中用容积不小于200cm³的环刀取样，测定干重度，以不小于该砂料在中密状态时的干重度为合格。

9.3　强夯法

强夯法是20世纪60年代末由法国技术公司发明，用于芝德利海围海造地上面建造8层住宅的地基加固。它用大吨位的起重机，使很重的锤（10～40t）从高处自由下落（落距为6～40m），给地基以冲击力和振动。巨大的冲击能量在地基土中引起压缩和振密，从而提高地基土的强度。

强夯法适用于碎石土、砂土、低饱和度的粉土与黏性土、杂填土等，具有施工简单、使用经济、加固效果好等优点。

9.3.1　强夯法的作用机制

强夯法分为动力夯实、动力固结和动力置换三种，其共同的机制是，破坏原有土的天然结构，达到新的稳定状态。

动力夯实是巨大的夯实能量所产生的冲击波和动应力，使土的骨架解体或使颗粒产生瞬间剧烈相对运动，从而使孔隙中的气体迅速排出，压缩形成较密实的结构。

动力固结是高能量的夯击使土体一开始就产生有效应力和孔隙动水压力，引起土体产生剧烈的瞬时变形。

动力置换是先在软土上面做砂垫层，在强夯夯坑中填入碎石、砂等，再夯成粗的砂石短桩，以达到预定加固效果。

9.3.2　强夯加固地基的效果

（1）提高地基承载力，一般可提高2～5倍；

（2）减少地基沉降和不均匀性；

（3）深层地基加固，深度可达5～10m；

（4）消除液化土层；

（5）消除黄土的湿陷性。

9.3.3　强夯实施

为了使强夯加固达到预期效果，首先确定地基需要的深度及所需夯击的能量大小，详细了解被加固地基的土类性质、所属种类。确定地基所需要的加固深度，掌握被加固地基土的物理性质并确定所需夯击的能量。

强夯的实施,应根据地基加固深度的要求选择锤重、落高、夯击点间距、排列、夯击遍数、时间间隔等。

夯击能量 $E(kN \cdot m)$ 与有效加固深度 $h(m)$ 的关系可按下述经验公式估算:

$$h = k\sqrt{E} = k\sqrt{WH/10} \tag{9-5}$$

式中 W——锤重,kN;

H——落高,m;

k——经验系数,其值在 $0.4 \sim 0.8$ 之间,碎石土、砂土为 $0.45 \sim 0.5$,粉土、黏性土等为 $0.4 \sim 0.45$。

夯击法的有效加固深度可查表9-4。

表 9-4 强夯法的有效加固深度

单击夯击能/(kN·m)	碎石土、砂土等/m	粉土、黏性土、湿陷性黄土等/m
1 000	5.0~6.0	4.0~5.0
2 000	6.0~7.0	5.0~6.0
3 000	7.0~8.0	6.0~7.0
4 000	8.0~9.0	7.0~8.0
5 000	9.0~9.5	8.0~8.5
6 000	9.5~10.0	8.5~9.0

注:强夯法的有效加固深度从起夯面算起。

夯击点位置可以采用等边三角形(图9-1)、等腰三角形或正方形布置,夯击遍数一般为 $2 \sim 3$ 遍,每遍每一夯击点的夯击次数一般为 $4 \sim 8$,最后两击的夯沉量平均应不大于50mm。对于砂土,可连续夯击;对于黏性土,两遍夯击一般要间隔 $15 \sim 30$ 天。

强夯施工要先进行试夯。试夯结束一周,对场地进行测试,与夯前测试数据比较,检验强夯效果,确定实际施工采用的强夯参数。

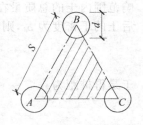

图 9-1 加固孔布置

9.4 预压法

预压法的原理是在荷载作用下,饱和软土中的孔隙水不断排出土层逐渐固结,有效应力增加,从而提高了土的强度。预压法可分为加载预压和真空预压。

加载预压法是在软土层中,按一定间距采用锤击,振动下沉透水钢管,或采用水冲方法设置井孔,在钢管或井孔中灌入透水性良好的材料,成为砂井,在砂井上设砂垫层,堆载预压,使软土地基排水固结。

真空预压法是通过抽气降低孔隙水压力并利用大气压力作为预压荷载以达到固结排水的目的。它由袋装砂井或塑料排水板、排水管线、汇水垫层、覆盖不透气的塑料薄膜以及真空装置等设备组成。

9.5 挤密法和振冲法

挤密法和振冲法的加固原理是通过桩管的挤压或振动作用使土体孔隙减少，密实度增加，地基强度提高。

9.5.1 灰土挤密法

灰土挤密法是先用沉管灌注桩的机具和工艺，通过振动或锤击沉管等方式成孔，再在管内灌砂、灰土等料并加以振实加密便可形成砂或石灰等桩体。振冲法（振动水冲法）是通过振冲器的振动和射水成孔，加填碎石和砂成碎石桩。这些方法的加固原理是通过桩管挤压或振动作用使土体孔隙减少，密实度增加，地基土的强度也随之增加。

9.5.2 土或灰土挤密桩法

土或灰土挤密桩法适用于处理地下水位以上的湿陷性黄土、素填土和杂填土等地基，处理深度 5～15m。当地基土的含水率大于 23%，饱和度大于 0.65 时，不宜采用上述方法。

1. 桩径和桩距的设计

桩径一般设计为 300～600mm。桩孔宜按等边三角形布置。桩距 S 的确定根据加固影响范围内土的总质量在加固前、加固后相等的原理，取桩直径为 d，加固前干密度为 ρ'_d，加固后土的干密度为 ρ_d，则有

$$\frac{\sqrt{3}S^2}{4}\rho'_\mathrm{d} = \left(\frac{\sqrt{3}S^2}{4} - \frac{\pi d^2}{8}\right)\rho_\mathrm{d} \tag{9-6}$$

于是得桩距为

$$S = 0.95d\sqrt{\frac{\rho_\mathrm{d}}{\rho_\mathrm{d} - \rho'_\mathrm{d}}} \tag{9-7}$$

而

$$\rho_\mathrm{d} = \bar{\lambda}_\mathrm{c}\rho_\mathrm{d \cdot max}$$

式中 $\bar{\lambda}_\mathrm{c}$——地基挤密后，桩间土的平均压实系数，通常取 0.93；

$\rho_\mathrm{d \cdot max}$——桩间土的最大干密度。

2. 桩长和加固范围

桩长应根据土质情况、工程要求、地基承载力和变形等因素确定，对素填土和杂填土，加固范围每边超出基础的宽度不应小于 $0.25b$（b 为基础宽度）且不小于 0.5m。

3. 地基承载力

对土挤密桩地基，承载力标准值取值不应大于处理前的 1.4 倍，也不应大于 180kPa；对灰土挤密桩地基，承载力标准值取值不应大于处理前的 2 倍，并且不应大于 250kPa。

9.5.3 砂石桩法

砂石桩法可以采用振动成桩法或锤击成桩法施工。锤击成桩法又分为单管法和双管

法。单管法施工是用打桩机将桩管打入土中,达到设计深度后,用料斗向桩管内灌砂石,最后按规定的拔管速度从土中拔出桩管。双管法施工则是将底端封闭的内管和底端开口的外管套在一起同时打入土中,在拔出管后在外管内灌入砂石,再将内管放回至外管内的砂石面上,提升外管使两管底面齐平,然后将内外管共同打下将砂石压实,这样就形成一段直径大于管径的砂石桩。

砂石桩法适用于挤密松散砂土、素填土和杂填土等地基。

9.5.4 振冲法

振动作用能有效地增加很湿甚至饱和状态的非密实砂土的相对密实度。

1. 振冲置换法

对一般地基,在基础外缘扩大 1~2 排桩;对可液化地基,则应扩大 2~4 排桩。对大面积满堂处理的桩位布置,常用等边三角形布置;对独立或条形基础,可用正方形、矩形或等腰三角形布置。

桩的间距 1.5~2.5m,桩长不宜短于 4m。桩的材料可用含泥量小的碎石、卵石、角砾、圆砾等硬质材料,最大粒径小于 80mm,一般采用 20~50mm;桩的直径采用 0.8~1.2m;桩顶部应铺设一层 200~500mm 厚的碎石垫层。

2. 振冲密实法

振冲密实法加固范围,在基础外边宽度不得小于 5m。当可液化土层不厚时,振冲深度应穿透整个可液化土层。振冲点常按等边三角形或正方形布置,间距常取 1.8~2.5m。

填料常采用碎石、卵石、角砾、圆砾、粗砂、中砂等硬质材料。

9.6 化学加固法

将化学溶液或胶结剂注入土中,使土颗粒胶结起来,提高地基强度的加固方法称为化学加固。常采用的化学浆液有以下几种:

(1) 水泥浆液,高标号的硅酸盐水泥和速凝剂组成的浆液;

(2) 硅酸钠(水玻璃)为主的浆液;

(3) 丙烯酸氨为主的浆液。

化学加固的施工方法有压力灌注法、深层搅拌法、高压喷射注浆法和电渗硅化法等。

9.7 托换法

托换法通常是解决原有建筑物的地基需要处理和基础需要加固、改建的问题,以及在原有建筑物基础下需要修建地下工程以及邻近建造新工程而影响原有建筑物的安全问题。

(1) 对原有建筑物的基础不符合要求,需增加埋深或扩大基底面积的托换,称补救性托换。

（2）因为邻近要修筑较深的新建筑物基础，因而需要将基础加深或扩大的托换，称为预防式托换。

（3）在平行于原有建筑物基础一侧，修筑较深的墙为代替的托换工程称侧向托换。

（4）在建筑物基础下预先设置好顶升措施，以适应预估地基沉降的需要称维持性托换。

托换工程是技术性很强的复杂工程，在制定技术方案时应充分掌握现场工程地质和水文地质资料，必要时应补充勘察工作，应具备被托换建筑物的结构设计、施工、竣工、沉降观测和损坏原因的分析资料，还有场内地下管线、邻近建筑物和自然环境等对托换施工可能影响的调查资料。

托换方法有桩式托换法、灌浆托换法、基础加固法。

（1）桩式托换又分为顶承式静压桩托换、锚杆静压桩托换、灌注桩托换和树根桩托换。桩式托换适用于软黏土、松散砂土、素填土、杂填土和湿陷性黄土等。

（2）灌浆托换法是一种化学加固，它分为水泥灌浆托换、硅化托换和碱液托换，适用于已有建筑物的处理。

（3）基础加固法适用于已建成的建筑物基础，因事故损伤、不均匀下沉、冻胀、地震等引起的破坏或是加高楼层的需要，对原有基础支撑力不足时的加固处理。

思考题

1. 软弱地基的处理目的是什么？
2. 软弱地基土的工程特性有哪些？
3. 软弱地基土的处理方法有哪些？
4. 简述换土垫层法的作用和适用范围。
5. 砂垫层的施工要点有哪些？

课 程 实 训

　　与一些本科院校培养目标不同的是，高等职业院校的就业目标的重点是生产第一线的施工技术人员，一般较少遇到复杂的力学分析和繁杂的运算，更多的是组织和指导工人施工。因此，能正确地阅读各种各样地基基础的施工图纸，根据施工的需要，在现场或实验室中进行各种土工试验以及根据提供的施工图纸，按照施工规程组织施工是很重要的。本章试图通过一些有关地基的图示和施工知识，让学生在生产第一线较好地处理所遇到的现实问题。

10.1　土工试验实训

　　土工试验指导书是土工技术工作者必备的技术知识，熟练地掌握土工试验技术和有关知识有助于在研究机构、大学实验室及施工现场技术部就业。本节介绍几项常用的土工试验程序。

10.1.1　密度试验

　　土的密度指土体单位体积的质量。

　　(1) 试验目的：测定黏性土的密度。

　　(2) 试验方法：环刀法。

　　(3) 仪器设备。

　　① 环刀：内径 61.8mm，高 20mm，体积 60cm³。

　　② 天平：称量 500g。

　　③ 其他：钢丝锯、削土刀、玻璃片、凡士林等。

　　(4) 操作步骤。

　　① 取直径和高度略大于环刀的原状土样，放在玻璃片上。在天平上称环刀质量 m_1。

　　② 用环刀取土，在环刀内壁涂一层凡士林，将环刀口向下放在土样上，环刀垂直向下压，边压边用削土刀或钢丝锯将土样削去大于环刀直径的部分，直到土样上端伸出环刀为止。

③ 将环刀两端余土削去修平，然后擦净环刀外壁，两端盖上玻璃片。

④ 将取好土样的环刀放在天平上称量，记下环刀取样的总质量 m_2。

（5）计算土的质量密度：

$$\rho = \frac{m_2 - m_1}{V}$$

式中　V——试样体积（环刀内净体积），cm^3；

　　　m_2——试样加环刀总质量，g；

　　　m_1——环刀质量，g。

土的重力密度 $\gamma = \rho g = 9.81\rho$。密度试验需进行两次平行测定，要求平行差值小于等于 $0.03 g/cm^3$，取两次试验结果的平均值。密度试验记录表见表 10-1。

表 10-1　密度试验记录表

工程名称：_____　　　　试验日期：_____

试样编号：_____　　　　试验者签名：_____

环刀号	环刀质量 m_1/g	试样体积 V/cm^3	环刀加试样总质量 m_2/g	试样质量 $(m_2 - m_1)$/g	密度 ρ/(g/cm^3)	平均密度 $\bar{\rho}$/(g/cm^3)

10.1.2　天然含水率试验

含水率指土中水的质量和土粒质量之比。土在天然状态时的含水率称为土的天然含水率。测定土的含水率常用的方法有烘干法和酒精燃烧法。

1. 烘干法

（1）试验目的：测定原状土的天然含水率。

（2）仪器设备。

① 烘箱：电热恒温烘箱。

② 天平：感量 0.01g。

③ 其他：干燥器、称量盒等。

（3）试验步骤。

① 从原状土样中，选取有代表性的试样，对于黏性土取 15～20g，对于砂土约取 50g，放入称量盒内盖好盖，称湿土加盒的总质量 m_1。

② 打开盒盖，放入烘箱内，在 105～110℃ 的恒温下烘干（烘干时间，黏性土为 8h，砂土为 6h）。

③ 将烘干后的试样取出，盖好盒盖，放入干燥器内冷却至室温，称土加盒的总质量 m_2。

（4）计算含水率：

$$w = \frac{m_1 - m_2}{m_2 - m_0} \times 100\%$$

式中　$m_1 - m_2$——试样中水的质量，g；

　　　$m_2 - m_0$——试样中土粒的质量，g；

m_0——称量盒的质量,g;

m_1——湿土加盒的总质量,g;

m_2——干土加盒的总质量,g。

2. 酒精燃烧法

若无烘箱设备或要求快速测定含水率,可用酒精燃烧法。取 $5 \sim 10g$ 试样,装入称量盒内,称湿土加盒总质量 m_1,将无水酒精注入放有试样的称量盒中,至出现自由液面为止,点燃盒中酒精,烧至火焰熄灭。一般烧 $2 \sim 3$ 次,待冷却至室温后称干土加盒的总质量 m_2,计算其含水率。

含水率试验需进行两次平行试验测定,其记录表见表 10-2。

表 10-2　含水率试验记录表

工程名称:_____　　　　试验日期:_____

试样编号:_____　　　　试验者:_____

盒号	称量盒质量 m_0/g	湿土加盒总质量 m_1/g	干土加盒总质量 m_2/g	含水率 $w/\%$	平均含水率 $\bar{w}/\%$

10.1.3　直接抗剪切试验

直接抗剪切试验是测定土的抗剪强度指标 c,φ 的一种常用的方法,在直剪仪上进行。

试验采用快剪,即在施加竖向压力后立即施加水平推力至土样破坏,在整个试验过程中,土样不排水。

(1)仪器设备。

① 应变控制式直剪仪;

② 环刀:内径 61.8mm,高 20mm;

③ 位移量测仪器:百分表;

④ 其他:天平、削土刀、钢丝锯、玻璃片、蜡纸、秒表等。

(2)试验步骤。

① 先制备土样,称环刀质量。环刀内壁涂一薄层凡士林,刀刃向下放在土样上垂直下压,边压边削多余的土至土样伸出环刀为止。切去两端余土,修平两端土面,擦净环刀外壁,盖上玻璃片。称环刀加土的总质量,计算土的密度,取环刀两侧少量余土测含水率。重复上述步骤,制备四个试样,要求各试样密度差不大于 $0.03g/cm^3$,含水率差不大于 2%。

② 将直接剪切仪的上下盒对准,插入固定销,盒内放入一块透水石,然后将带有环刀的试样,环刀刀口向上,平口向下,对准剪切盒口,再在试样上放一块透水石,将试样徐徐推入盒内,移去环刀。

③ 转动剪切仪的手轮,使上盒前端的钢球恰好与量力环接触,调整量表读数为零,然后加传压活塞、钢球、压力框架。

④ 轻轻地施加垂直压力,立即拔去固定销,开动秒表,均匀转动手轮(速度为 $0.8mm/min$),每转一圈记下量表读数,直到土样剪损为止,土样剪损的标志是量力环的量

表读数不再增加或显著后退。

⑤ 旋转手轮，尽快移去垂直压力、压力框架、钢球、加压活塞等，取出试样，并测定剪压面附近土的含水率。

⑥ 本试验至少取四个试样，分别加不同的垂直压力进行剪切试验。

重复上述试验步骤。垂直压力一般可取 $0.1N/mm^2$,$0.2N/mm^2$,$0.3N/mm^2$,$0.4N/mm^2$。

（3）成果整理。

① 计算剪应力 $\tau(N/mm^2)$

$$\tau = CR$$

式中　C——量力环系数,$(N/mm^2)/0.01mm$;

　　　R——剪损时量力环中量表读数,$0.01mm$。

② 计算剪切位移:

$$\Delta l = 0.2n - R \quad (mm)$$

式中　0.2——手轮每转一周,剪切盒位移为0.2mm;

　　　n——手轮转数;

　　　R——量力环量表读数,mm。

③ 绘制剪应力 τ 与剪切位移 Δl 的关系曲线。

④ 绘制抗剪强度 τ_f 与垂直压力 p 的关系直线,测 c,φ。

取 τ-Δl 曲线上各峰值点或稳定点作为抗剪强度 τ_f(图10-1),以抗剪强度 τ_f 为纵坐标,垂直压力 p 为横坐标,纵横坐标采用同一比例,绘制 τ_f-p 关系直线,如图10-2所示。直线在纵坐标轴上的截距即为黏聚力 c,直线的倾角即为土的内摩擦角 φ。

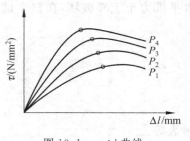

图 10-1　τ-Δl 曲线

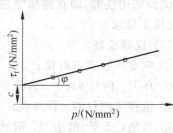

图 10-2　τ_f-p 直线

10.2　看图学地基与基础施工图及施工技术实例

10.2.1　基础的施工图识读及施工

对于工作在第一线的技术人员,首先要求能看懂施工图纸并且能够按照施工图组织施工。

重点提示:

看懂图纸非常重要。

1. 刚性基础

刚性基础可分为墙下刚性基础和柱下刚性基础,如图10-3所示。

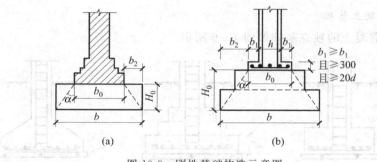

图 10-3　刚性基础构造示意图

（a）墙下刚性基础；（b）柱下刚性基础

d—柱中纵向钢筋直径

刚性基础的截面形式如图 10-4 和图 10-5 所示。

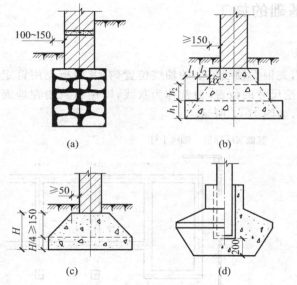

图 10-4　刚性基础截面形式

（a）矩形；（b）阶梯形；（c）锥形；（d）倒圆台形

h_1/l_1，h_2/l_2——对带形基础为 1.35～1.75；对独立基础为 1.56～2.0

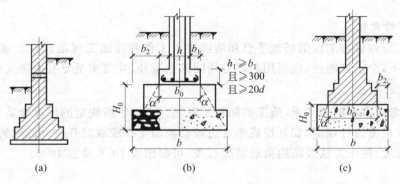

图 10-5　刚性基础构造示意图

（a）砖基础；（b）毛石或混凝土基础；（c）灰土或三合土基础

2. 钢筋混凝土基础

柱下钢筋混凝土的独立基础如图 10-6 所示。

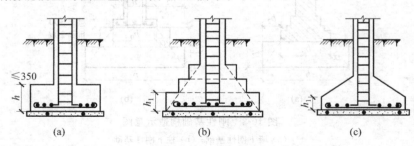

图 10-6　柱下钢筋混凝土独立基础

（a）矩形；（b）阶梯形；（c）锥形

10.2.2　基础的施工

1. 基础的放线

在基坑开挖前,先根据轴线桩上的轴线位置(在龙门板上用钉定出)定出房屋所有基础的基坑(槽)顶面开挖尺寸的位置,通常称为灰线,即用石灰粉在地面上放出基础的灰线,也就是基础的开挖线,如图 10-7 所示。

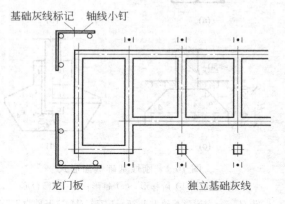

图 10-7　放灰线

2. 基坑的开挖

开挖前,应做好施工区的场地平整和防洪排水工作并按施工规范开挖。基坑不得挖至设计标高以下,个别处超挖,应当用与挖方相同的土填补,并夯实至原有的密实度。

3. 坑壁的支撑

具有正常含水率的均质土,施工期间较短时,表 10-3 中所规定的深度能垂直开挖,无须支撑,否则应根据设计规定,如开挖成垂直边坡必须加支撑或放坡开挖。坡度的大小与土的种类、开挖深度、挖土方法及坑边荷载情况有关,可参照表 10-4 及表 10-5。

表 10-3　各类土不需支撑的最大深度　　　　　　　　　　　m

土类别	软土	堆填的砂土或碎石土	中等密实的轻亚黏土和亚黏土	黏土	坚硬土
最大深度	0.75	1	1.25	1.5	2

注：① 如人工挖土不把土抛于基坑(槽)上边而随时把土运走,则应采用机械在(坑)槽底挖土的坡度;
② 表中砂土不包括细砂和粉砂,干黄土不包括黄土状土;
③ 在个别情况下,如有足够资料和经验或采用多斗挖沟机,均可不受本表的限制。

表 10-4　基坑坑壁的最大坡度(适用于 5m 以内)

土的种类	边坡坡度(高宽比)		
	人工挖土	机械挖土	
		在坑(槽)底挖土	在坑(槽)上挖土
砂土	1∶1.00	1∶0.75	1∶1.00
轻亚黏土	1∶0.67	1∶0.50	1∶0.75
亚黏土	1∶0.50	1∶0.33	1∶0.75
黏土	1∶0.33	1∶0.25	1∶0.67
土夹卵石	1∶0.67	1∶0.50	1∶0.75
干黄土	1∶0.25	1∶0.10	1∶0.33

表 10-5　基坑坑壁坡度(适用于 5m 以内)

坑壁土	坡壁坡度(高宽比)		
	基坑顶缘无载重	基坑顶缘有静载	基坑顶缘有动载
砂土	1∶1.00	1∶1.25	1∶1.50
碎石土	1∶0.75	1∶1.00	1∶1.25
轻亚黏土	1∶0.67	1∶0.75	1∶1.00
亚黏土	1∶0.33	1∶0.50	1∶0.75
黏土带有石块	1∶0.25	1∶0.33	1∶0.67
未风化页岩	1∶0	1∶0.1	1∶0.25
岩石	1∶0	1∶0	1∶0

注：在山坡上开挖基坑,如地质不良时,应注意防止滑坍。

4. 基坑的支撑

基坑支撑的方法很多,有水平间隔横撑撑住(图 10-8)、连续支撑(图 10-9)、斜撑法(图 10-10)等。间隔横撑适用于黏性土浅基槽;连续支撑适用于松散或含水率很大的土,深、浅坑都行;基坑宽度大时可用斜撑法。

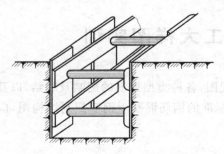

图 10-8　黏性土浅基槽的简单支撑

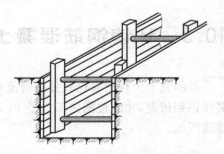

图 10-9　连续无间隔的纵向铺横支撑法

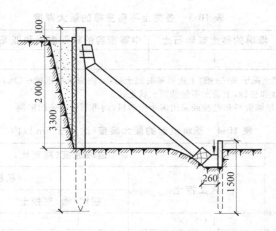

图 10-10　斜撑法（单位：mm）

5. 施工排水

地下水位以下的基础施工主要问题是做好排水，并防止地下水渗入基坑。

6. 验槽

最普通的验槽方法是观察验槽，主要是检验地基土质、边坡及有关位置、标高等情况，观察内容可见表 10-6。对验槽发现的问题要及时处理。处理妥善后，进行基底抄平，做好垫层，再次抄平，并弹出基础墨线，以便砌筑基础。基础按施工规范做好后经检验达到质量要求后进行回填，回填土必须分层夯实。

表 10-6　观察验槽内容

观 察 项 目		观 察 内 容
槽壁土层		土层分布情况及走向
重点部位		应选择在桩基、墙角、承重墙下或其他受力较大的部位
整个槽底	槽底土质	是否挖到老土层上
	土的颜色	是否均匀一致
	土的坚硬	是否坚硬一致，是否局部过松
	土层行走	有没有局部含水率异常现象，行走是否颤动

10.3　认读钢筋混凝土桩施工大样图实训

桩的施工大样图是比较复杂的地基基础工程图，各种类型钢筋的配制及联结，以及型号必须识别清楚，才能按图施工。图 10-11 是一个标准的钢筋混凝土钢筋配制结构图，应详细读懂图纸。

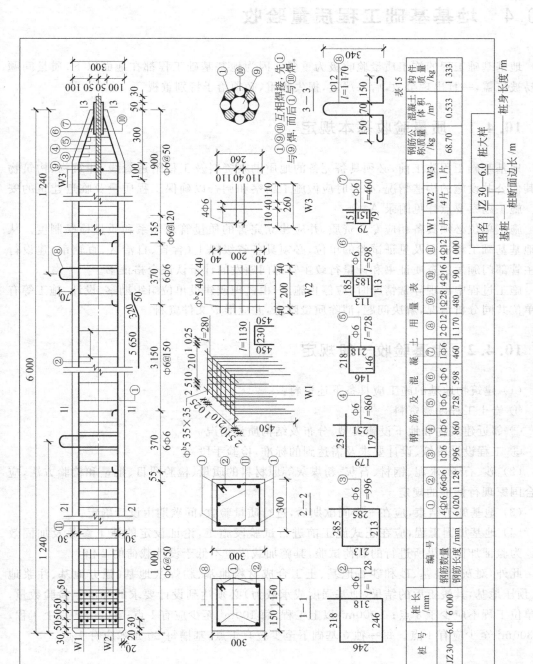

图 10-11 钢筋混凝土柱施工图

10.4　地基基础工程质量验收

地基基础工程的施工质量验收极为重要。因为地基基础工程都在地面以下，质量问题容易被掩盖，一旦出现事故，后果严重，损失惨重，必须给予特别重视。

10.4.1　质量验收基本规定

地基基础工程施工前，必须具备完备的地质勘察资料及工程附近管线、建筑物、构筑物和其他公共设施的构造情况，必要时应做施工勘察和调查以确保工程质量及临近建筑的安全。施工勘察要点详见附录 A。

施工单位必须具备相应专业资质，并应建立完善的质量管理体系和质量检验制度。从事地基基础工程检测及见证试验的单位，必须具备省级以上（含省、自治区、直辖市）建设行政主管部门颁发的资质证书和计量行政主管部门颁发的计量认证合格证书。

施工过程中出现异常情况时，应停止施工，由监理或建设单位组织勘察、设计、施工等有关单位共同分析情况，解决问题，消除质量隐患，并应形成文件资料。

10.4.2　地基验收一般规定

（1）建筑物地基的施工应具备下述资料：

① 岩土工程勘察资料。

② 邻近建筑物和地下设施类型、分布及结构质量情况。

③ 工程设计图纸、设计要求及需达到的标准、检验手段。

（2）砂、石子、水泥、钢材、石灰、粉煤灰等原材料的质量、检验项目、批量和检验方法，应符合国家现行标准的规定。

（3）地基施工结束，应在一个间歇期后，进行质量验收，间歇期由设计确定。

（4）地基加固工程，应在正式施工前进行试验段施工，论证设定的施工参数及加固效果。为验证加固效果所进行的载荷试验，其施加载荷应不低于设计载荷的 2 倍。

此外，对灰土地基、砂和砂石地基、土工合成材料地基、粉煤灰地基、强夯地基、注浆地基、预压地基，其竣工后的结果（地基强度或承载力）必须达到设计要求的标准。检验数量，每单位工程不应少于 3 点；$1\,000\text{m}^2$ 以上工程，每 100m^2 至少应有 1 点；$3\,000\text{m}^2$ 以上工程，每 300m^2 至少应有 1 点。每一独立基础下至少应有 1 点，基槽每 20 延米应有 1 点。

10.4.3　灰土地基

（1）灰土土料、石灰或水泥（当水泥替代灰土中的石灰时）等材料及配合比应符合设计要求，灰土应搅拌均匀。

（2）施工过程中应检查分层铺设的厚度，分段施工时上下两层的搭接长度，夯实时加水量、夯压遍数、压实系数。

（3）施工结束后，应检验灰土地基的承载力。

（4）灰土地基的质量验收标准应符合表 10-7 的规定。

表 10-7　灰土地基质量检验标准

项	序	检查项目	允许偏差或允许值		检查方法
			单位	数值	
主控项目	1	地基承载力	设计要求		按规定方法
	2	配合比	设计要求		按拌和时的体积比
	3	压实系数	设计要求		现场实测
一般项目	1	石灰粒径	mm	≤5	筛分法
	2	土料有机质含量	%	≤5	实验室焙烧法
	3	土颗粒粒径	mm	≤15	筛分法
	4	含水率（与要求的最优含水率比较）	%	±2	烘干法
	5	分层厚度偏差（与设计要求比较）	mm	±50	水准仪

10.4.4　砂和砂石地基

（1）砂、石等原材料质量、配合比应符合设计要求，砂、石应搅拌均匀。

（2）施工过程中必须检查分层厚度，分段施工时搭接部分的压实情况、加水量、压实遍数、压实系数。

（3）施工结束后，应检验砂石地基的承载力。

（4）砂和砂石地基的质量验收标准应符合表 10-8 的规定。

表 10-8　砂及砂石地基质量检验标准

项	序	检查项目	允许偏差或允许值		检查方法
			单位	数值	
主控项目	1	地基承载力	设计要求		按规定方法
	2	配合比	设计要求		检查拌和时的体积比或质量比
	3	压实系数	设计要求		现场实测
一般项目	1	砂石料有机质含量	%	≤5	焙烧法
	2	砂石料含泥量	%	≤5	水洗法
	3	石料粒径	mm	≤100	筛分法
	4	含水率（与最优含水率比较）	%	±2	烘干法
	5	分层厚度（与设计要求比较）	mm	±50	水准仪

10.4.5　土工合成材料地基

（1）施工前应对土工合成材料的物理性能（单位面积的质量、厚度、比重）、强度、延伸率以及土、砂石料等做检验。土工合成材料以 $100m^2$ 为一批，每批应抽查 5%。

（2）施工过程中应检查清基、回填料铺设厚度及平整度、土工合成材料的铺设方向、接缝搭接长度或缝接状况、土工合成材料与结构的连接状况等。

（3）施工结束后，应进行承载力检验。

（4）土工合成材料地基质量检验标准应符合表 10-9 的规定。

表 10-9　土工合成材料地基质量检验标准

| 项目 | 序 | 检查项目 | 允许偏差或允许值 | | 检查方法 |
			单位	数值	
主控项目	1	土工合成材料强度	%	≤5	置于夹具上做拉伸试验（结果与设计标准相比）
	2	土工合成材料延伸率	%	≤3	置于夹具上做拉伸试验（结果与设计标准相比）
	3	地基承载力	设计要求		按规定方法
一般项目	1	土工合成材料搭接长度	mm	≥300	用钢尺量
	2	土石料有机质含量	%	≤5	焙烧法
	3	层面平整度	mm	≤20	用 2m 靠尺
	4	每层铺设厚度	mm	±25	水准仪

在土工合成材料上填以土（砂土料）构成建筑物的地基，土工合成材料可以是单层，也可以是多层。一般为浅层地基。

10.4.6　粉煤灰地基

（1）施工前应检查粉煤灰材料，并对基槽清底状况、地质条件予以检验。

（2）施工过程中应检查铺筑厚度、碾压遍数、施工含水率控制、搭接区碾压程度、压实系数等。

（3）施工结束后，应检验地基的承载力。

（4）粉煤灰地基质量检验标准应符合表 10-10 的规定。

表 10-10　粉煤灰地基质量检验标准

| 项目 | 序 | 检查项目 | 允许偏差或允许值 | | 检查方法 |
			单位	数值	
主控项目	1	压实系数	设计要求		现场实测
	2	地基承载力	设计要求		按规定方法
一般项目	1	粉煤灰粒径	mm	0.001～2.000	过筛
	2	氧化铝及二氧化硅含量	%	≥70	实验室化学分析
	3	烧失量	%	≤12	实验室烧结法
	4	每层铺筑厚度	mm	±50	水准仪
	5	含水率（与最优含水率比较）	%	±2	取样后实验室确定

10.5　高等教育自学考试模拟试卷

10.5.1　试卷

一、单项选择题

1. 下面物质中哪种不是主要造岩矿物（　　）。

    A. 石英　　　　　　　B. 长石　　　　　　　C. 云母　　　　　　　D. 大理岩

2. 下列说法正确的是（　　）。

    A. 级配曲线越陡，说明土样组成越均匀，级配越好

    B. 级配曲线越陡，说明土样组成越不均匀，级配越好

    C. 级配曲线越陡，说明土样组成越均匀，级配越不好

    D. 级配曲线越陡，说明土样组成越不均匀，级配越不好

3. （　　）结构是由黏粒集合体组成的结构形式。

    A. 单粒　　　　　　　B. 蜂窝　　　　　　　C. 大孔　　　　　　　D. 絮状

4. 粉土是指（　　）。

    A. 粒径大于 0.075mm、颗粒不超过总质量的 50%、塑性指数小于或等于 10 的土

    B. 塑性指数小于或等于 10 的土

    C. 粒径大于 0.075mm、颗粒不超过总质量的 50% 的土

    D. 粒径大于 0.075mm、颗粒超过总质量的 50% 或塑性指数大于或等于 10 的土

5. 当 $a_{1-2}=0.3\mathrm{MPa}^{-1}$ 时，则该土属于（　　）。

    A. 低压缩性土　　　　　　　　　　　B. 中压缩性土

    C. 高压缩性土　　　　　　　　　　　D. 深度压缩性土

6. 黏性土的灵敏度主要用来评价（　　）。

    A. 土的结构性　　　　　　　　　　　B. 土的承载力

    C. 土的密度大小　　　　　　　　　　D. 土的冻胀性

7. 地基承载力不是个常数，由多种因素综合确定，其影响因素不包括（　　）。

    A. 土的抗剪强度指标　　　　　　　　B. 基础底面宽度

    C. 基底压力　　　　　　　　　　　　D. 基础埋置深度

8. 下列性质中，哪一个不属于软土的特性（　　）。

    A. 压缩性低　　　　　　　　　　　　B. 强度低

    C. 透水性差　　　　　　　　　　　　D. 流变性明显

9. 当设有垫层时，钢筋混凝土基础底部保护层净厚度不应小于（　　）。

    A. 35mm　　　　　　　　　　　　　B. 40mm

    C. 70mm　　　　　　　　　　　　　D. 100mm

10. 以下不属于加筋法的是（　　）。

    A. 土工合成材料　　　　　　　　　　B. 加筋土

C. 树根桩　　　　　　　　　　　　D. 黏性土

二、填空题

11. 颗粒级配曲线越_____,不均匀系数越小,颗粒级配越差。

12. 地下水按其埋藏条件可分为三类,地质勘察报告中的地下水位一般指_____。

13. _____的透水性很好,其固结稳定所需的时间很短,通常在外荷载施加完毕时,其沉降已经稳定。

14. 超固结比大于 1 的土层,其先期固结压力大于现有的_____。

15. 已知某天然地基上的浅基础,基础底面尺寸为 3.5m×5.0m,埋深 $d=2m$,由上部结构传下的竖向荷载 $F=4\,500kN$,则基底压力为_____ kPa。

16. _____一般可分为三个阶段:线性变形阶段、塑性变形阶段和破坏阶段。

17. 土压力分三种,即_____、被动土压力和静止土压力。

18. 一般勘察阶段划分为_____、初步勘察和详细勘察三个阶段。

19. _____内的空间常用做地下室。

20. 黏性土的间歇时间一般不少于_____。

三、名词解释

21. 触探

22. 主动土压力

23. 快剪

24. 挤土桩

25. 欠固结土

四、简答题

26. 挖孔桩的优缺点有哪些?

27. 简述墙下钢筋混凝土条形结构基础的一般构造要求。

五、计算题

28. 某原状土样体积为 100cm³,其质量为 196.0g,烘干后质量为 155.0g,土粒相对密度 $d_s=2.65$。求:该土的天然密度 ρ、含水量 w、干密度 ρ_d 及孔隙比 e。

29. 有一柱下单独基础,其基底面积为 2.5m×4m,埋深 $d=2m$,作用于基础底面中心的荷载为 $3\,000kN$,地基为均质黏性土,其重度为 $\gamma=18kN/m^3$,试求基础底面处的附加压力 p_0。

30. 设土样样厚 3cm,在 100~200kPa 压力段内的压缩系数 $a_{1-2}=2\times10^{-4}$,当压力为 100kPa 时,$e=0.7$。求:

(1) 土样的压缩模量;

(2) 土样压力由 100kPa 加到 200kPa 时,土样的压缩量 s。

31. 已知一土样,土粒比重 $d_s=2.70$,含水量为 34%,饱和度 S_r 为 85%,求在 75m³ 的天然土中,干土质量和水质量各为多少? 并求土的三相体积。

32. 某一挡土墙高为 H,墙背垂直,填土面水平,如题 32 图所示。墙后填土分为三层,其主要物理力学指标已在图中标注,试用朗肯土压力理论求各层土的主动土压力。

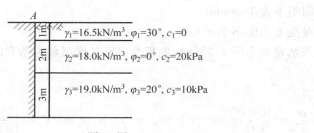

题 32 图

33. 某地基为成层土,细砂层厚 6m,上面 2m 的天然重度 $\gamma = 19\text{kN/m}^3$,中间 2m 是毛细饱和区,$\gamma_{sat} = 20\text{kN/m}^3$,地下水位距地面 4m。细砂层下面是 5m 厚的黏土层,$\gamma_{sat} = 18\text{kN/m}^3$,求有效自重应力沿深度的分布。(黏土层下面为不透水层)

10.5.2 试卷答案

一、

1. D 2. C 3. D 4. A 5. B 6. A 7. C 8. A 9. B 10. D

二、

11. 陡;12. 潜水位;13. 无黏性;14. 自重应力;15. 297;16. 地基的变形;17. 主动土压力;18. 可行性研究勘察;19. 箱形基础;20. 15 天

三、

21. 触探:是用静力或动力将金属探头贯入土层,根据土对触头的贯入阻力或锤击数来间接判断土层及其性质。

22. 主动土压力:挡土墙在土压力作用下向前移动或转动,当移动量达到一定值时,墙背填土开始出现连续的滑动面,此时作用在挡土墙上的土压力称主动土压力。

23. 快剪:是指在整个试验过程中,都不让土样排水固结,亦即不让孔隙水压力消散。

24. 挤土桩:在成孔或成桩过程中,桩间土有被挤压而呈密实现象的桩。

25. 欠固结土:前期固结压力小于现有自重应力,在现有自重应力作用下没有完全固结的土。

四、

26. 挖孔桩的优点:①可直接观察地层情况;②孔底可清除干净;③桩端能进入岩层,承载力高。

挖孔桩的缺点:在流砂层及软土中难以成孔。

27. (1)梯形截面基础的边缘高度不小于 200mm,基础高度不大于 250mm,做成等厚底板。

(2)基础下的垫层高度一般为 100mm,每边伸出基础 50~100mm。垫层混凝土强度为 C10。

(3)底板受力钢筋不小于 10mm,间距不大于 200mm,不小于 100mm。

有垫层时,钢筋保护厚度不小于 40mm;无垫层时不小于 70mm。纵向分布筋直径不小于 8mm、间距不大于 300mm。

（4）混凝土强度不小于 C20。

（5）当基宽不小于 2.5m 时，底板受力筋长度可取为基宽的 9/10。

五、

28. 解

$$\rho = \frac{m}{V} = \frac{196.0}{100} \mathrm{g/m^3} = 1.96\mathrm{g/m^3}, \quad \rho_\mathrm{d} = m_\mathrm{s}/V = \frac{155}{100}\mathrm{g/m^3} = 1.55\mathrm{g/m^3}$$

$$w = \frac{\rho}{\rho_\mathrm{d}} - 1 = \frac{1.96}{1.55} - 1 = 26.45\%, \quad e = \rho_\mathrm{w}\frac{d_\mathrm{s}}{\rho_\mathrm{d}} - 1 = 1.0 \times \frac{2.65}{1.55} - 1 = 0.71$$

29. 解　　$p_0 = p - \sigma_{cd} = (F_\mathrm{k} + G_\mathrm{k})/A - \sigma_{cd}$

$$= \frac{3\,000 + 2.5 \times 4 \times 2 \times 20}{2.5 \times 4}\mathrm{kPa} - 18 \times 2\mathrm{kPa} = 304\mathrm{kPa}$$

30. 解　（1）土的压缩模量

$$E_{1-2} = (1 + e_1)/a_{1-2} = \frac{1 + 0.7}{2 \times 10^{-4}}\mathrm{MPa} = 8.5\mathrm{MPa}$$

（2）压缩量 S：

$$S = \sigma_2\frac{h}{E_\mathrm{s}} = 100 \times \frac{0.03}{8.5}\mathrm{mm} = 0.353\mathrm{mm}$$

31. 解

$$e = \frac{d_\mathrm{s} \cdot \gamma_\mathrm{w}(1 + w)}{1 + e} = \frac{2.70 \times 10(1 + 34\%)}{1 + 1.08}\mathrm{kN/m^3} = 17.39\mathrm{kN/m^3}$$

$$\gamma_\mathrm{d} = \frac{\gamma}{1 + w} = \frac{17.39}{1 + 0.34}\mathrm{kN/m^3} = 12.98\mathrm{kN/m^3}$$

$$W_\mathrm{s} = \gamma_\mathrm{d}V = 12.98 \times 75\mathrm{kN} = 973.5\mathrm{kN}$$

$$W_\mathrm{w} = W_\mathrm{s} \times w = 933.5 \times 0.34\mathrm{kN} = 331\mathrm{kN}$$

$$V_\mathrm{w} = \frac{W_\mathrm{w}}{\rho_\mathrm{w}g} = \frac{331}{1.0 \times 10^3 \times 9.8 \times 10^{-3}}\mathrm{m^3} = 33.8\mathrm{m^3}$$

$$V_\mathrm{s} = \frac{1 - 0.85}{0.85} \times V_\mathrm{w} = \frac{15}{85} \times 33.8\mathrm{m^3} = 6.0\mathrm{m^3}$$

$$V_\mathrm{a} = (75 - 33.8 - 6.0)\mathrm{m^3} = 35.2\mathrm{m^3}$$

32. 解

$$K_{s1} = \tan^2\left(45° - \frac{\varphi}{2}\right) = \tan^2\left(45° - \frac{30°}{2}\right) = 0.333$$

$$K_{s2} = \tan^2\left(45° - \frac{\varphi}{2}\right) = \tan^2(40 - 0) = 1$$

$$K_{s3} = \tan^2\left(45° - \frac{\varphi}{2}\right) = \tan^2\left(45° - \frac{20°}{2}\right) = 0.490$$

地面处：$\sigma_\mathrm{s} = 0$

一层底面处：

$$\sigma_\mathrm{s} = \gamma_1 h_1 K_{s1} = 16.5 \times 1.0 \times 0.333\mathrm{kPa} = 5.50\mathrm{kPa}$$

二层顶面处：

$$\sigma_\mathrm{s} = \gamma_1 h_1 K_{s2} = 16.5 \times 1.0 \times 1\mathrm{kPa} = 16.5\mathrm{kPa}$$

三层顶面处：

$$\sigma_s = (\gamma_1 h_1 + \gamma_2 h_2) K_{s3} = (16.5 \times 1.0 + 18 \times 2.0) \times 0.490 \text{kPa} = 25.7 \text{kPa}$$

三层底面处：

$$\sigma_s = (\gamma_1 h_1 + \gamma_2 h_2 + \gamma_3 h_3) K_{s3}$$
$$= (16.5 \times 1.0 + 18 \times 2.0 + 19 \times 3.0) \times 0.490 \text{kPa} = 53.69 \text{kPa}$$

33. 解

第一层顶面 A 点和底面 B_1：

$$\sigma_A = \gamma_1 \Delta Z_0 = 0 \times \sigma'_A = 0$$
$$\sigma_{B1} = \gamma_1 \Delta Z_1 = 19 \times 2 \text{kPa} = 38 \text{kPa}$$
$$\sigma'_{B1} = \sigma_{B1} = 38 \text{kPa}$$

对第二层毛细饱和区顶面 B_2 点和底面 C 点：

$$\sigma_{B2} = \gamma_1 \Delta Z_1 = 19 \times 2 \text{kPa} = 38 \text{kPa}$$
$$u_{B2} = \gamma_w h_s = -9.81 \times 2 \text{kPa} = -19.6 \text{kPa}$$
$$\sigma'_{B2} = \sigma_{B2} - u_{B2} = [38 - (-19.6)] \text{kPa} = 57.6 \text{kPa}$$
$$\sigma_s = \gamma_1 \Delta Z_1 + \gamma_{w1} \Delta Z_2 = (19 \times 2 + 20 \times 2) \text{kPa} = 78 \text{kPa}$$
$$u_s = 0$$
$$\sigma'_s = \sigma_s - u_s = 78 \text{kPa}$$

第11章

本门课程求职面试可能
遇到的典型问题应对

考察一所职业院校最主要的标准是学生毕业后的就业率。如今求职时一个重要环节是面试，面试是就业的第一关，面试的成功与否成为求职者是否被录用的关键。本章试图通过对一些典型问题的研讨，加深学生对本门课程的理解和消化，并能够较好地应对求职时的面试，过好就业第一关。

鉴于一些实际情况，本章主要模拟一个有关土力学与地基基础的就业面试的对话供大家参考。

下文中的甲设定为面试考官，乙设定为被面试的求职者。

甲：对我们工程界的从业者来说，很重要的业务素质之一是对施工图纸的熟悉，施工图的表达、符号、尺寸、比例都要会准确地解读，你学过地基基础，请你画一个砖基础和墙下钢筋混凝土条形基础构造图。

乙：作图如下（图 11-1 和图 11-2）。

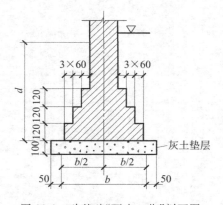

图 11-1 砖基础"两皮一收"剖面图

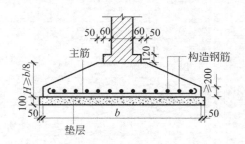

图 11-2 墙下钢筋混凝土条形基础构造

甲：你学的专业有土力学与地基基础这门课程，请你说一下，土力学、地基、基础的概念是什么？

乙：土力学是利用力学的一般原理和土工测试技术，研究土的物理性质以及在所受外力发生变化时土的应力、变形、强度、稳定性和渗透性及其规律的一门学科。

任何建筑物都建在地层上，受建筑物荷载影响的那一部分地层称为地基。

建筑物在地面以下并将上部荷载传递至地基的结构是基础。

甲：在地基基础课程中，土的一些物理指标的单位与普通日常用的计量单位相比有其特殊性，请你讲一下在土力学与地基基础中的质量密度、重度、重量、应力的单位如何表达。

乙：（1）质量密度 ρ 的单位是 g/cm³，t/m³；

（2）重度 $\gamma = \rho g$ 的单位是 N/cm³，kN/m³；

（3）土的重量的单位是 N，kN；

（4）应力单位是 Pa（帕），kPa（千帕）

$$1Pa = 1N/cm^2$$

$$1kPa = 1kN/m^2$$

甲：你简单地介绍一下在土力学地基基础课程中土的概念。

乙：地球表面 30～80km 厚的范围是地壳。地壳中的岩石经物理、化学、生物风化沉积就成为土。土是一个广义的名称，它又分为无黏性土和黏性土。土是由固体颗粒、水和气体组成的三相体系。土的三相物理指标有：①土密度（质量）$\rho = \dfrac{m}{V}$；②土的重度 γ；③土的含水率 w；④土的干密度；⑤土的饱和密度；⑥土的孔隙比；⑦土的孔隙率；⑧土的饱和度等指标。

土总体上分为无黏性土（砂土）和黏性土。无黏性土的重要指标是相对密实度 D_r：

$$D_r = \frac{e_{max} - e}{e_{max} - e_{min}}$$

式中　e_{max}——最松散的孔隙比；

e_{min}——最密实的孔隙比；

e——天然孔隙比。

黏性土的重要物理指标是塑性指数 I_P 和液性指数 I_L：

$$I_P = w_L - w_P, \quad I_L = \frac{w - w_P}{w_L - w_P}$$

式中　w_L——液限；

w_P——塑限；

w——天然含水率。

土的渗透性也是一个重要指标，渗透速度可用达西定律表示为

$$v = ki$$

式中　i——水力梯度；

k——渗透系数。

甲：请叙述一下应力和变形情况。

乙：土的应力分两部分：自重应力和附加应力。根据有效应力原理，地下水的变化对自重应力有很大的影响。有效应力原理表达为饱和土体所受到的总应力等于有效应力和孔隙水压力之和。

土的变形是由土中的有效应力所致，表明变形的重要指标称土的压缩模量。模量由压缩试验确定：$E_s = \dfrac{\sigma_z}{\varepsilon_z}$。它是计算沉降的主要指标，沉降计算由分层总和法或规范方法计算。

排水条件对土层固结时间和固结度有重要影响。

甲：土体的破坏有什么特点？

乙：土体的破坏通常都是剪切破坏。土的抗剪强度大小决定着土体工程性质的好坏。

土的抗剪强度用著名的库仑公式表示为

$$\tau_f = c + \sigma\tan\varphi$$

土中某一点的应力状态可用摩尔应力圆描述，见
图 11-3，图中

$$\sigma = \frac{1}{2}(\sigma_1 + \sigma_3) + \frac{1}{2}(\sigma_1 - \sigma_3)\cos 2\alpha$$

$$\tau = \frac{1}{2}(\sigma_1 - \sigma_3)\sin 2\alpha$$

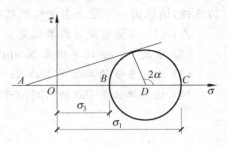

图 11-3 摩尔应力圆

摩尔应力圆是以 D 点 $\left(\dfrac{\sigma_1 + \sigma_3}{2}, 0\right)$ 为圆心，$\dfrac{\sigma_1 - \sigma_3}{2}$
为半径的圆。

抗剪强度指标 C, φ 可由直剪、三轴压缩、无侧限压缩、十字板剪切等试验方法确定。排
水条件对抗剪强度指标有很大影响。

一般来讲，地基在应力作用下产生变形，变形分三个阶段，即线性变形阶段、塑性变形阶
段、破坏阶段。达到地基破坏的临界荷载称为极限荷载 p_{cr}。

甲：前面讲到的土的物理特性、应力、变形及抗剪强度等知识，都用在哪些地方？

乙：这些知识用途是很大的，也是很重要的。在土建中，建设场地和建筑物地基的稳定
是头等大事。如果丧失稳定，会造成极其重大的损失，甚至人员伤亡。例如香港宝成大厦就
是因为地基失稳顷刻倒塌，是极为严重的教训。

岩土斜坡失稳，包括崩塌和滑坡，稳定分析是重要的工程技术。稳定分析分为无黏性土
稳定分析和黏性土稳定分析两大类。

阻止土坡滑动的工程结构办法就是通常了解的挡土墙。挡土墙的设计需要进行抗倾覆
稳定、抗滑移稳定、基底应力和挡土墙身强度验算。

甲：在地基基础设计施工前有哪些准备工作要做？

乙：必须先进行工程地质勘察，取得必需的资料：

（1）地层分布情况，岩土的类别；

（2）场地的地质构造概况；

（3）现场和室内试验，取得土的物理和力学指标；

（4）查明地下水的情况；

（5）查明有无滑坡、溶洞、震裂等不良地质现象。

使用的勘察方法有坑探（直观）、钻探、触探等方法。对于土做出野外现场鉴别文字描
述，最终形成详细的工程地质勘察报告以备使用。

甲：基础按埋置情况有哪几种？它们的设计包括哪些内容？简单说明。

乙：建筑物基础可分为天然地基和人工地基，而基础分为浅基础和深基础。

一般浅基础埋深不大于 5m。浅基础的材料有砖、毛石、灰土、三合土、混凝土、钢筋混凝
土等。

基础根据结构形式分类有墙下条形基础、柱下独立基础、联合基础，还有交梁基础、筏形
基础、箱形基础等。

甲：基础埋深主要取决于哪些因素？

乙：主要取决于：

(1) 环境条件、上部荷载、地下室、管道布设、相邻建筑的地基情况；

(2) 土层性质，基础应放置在良好的持力层上；

(3) 地下水条件是应在地下水位以下较好，否则要对水进行特殊处理和预防；

(4) 地基承载力的要求。

甲：桩基础适合于哪些情况？有哪些种类？

乙：桩基础适用于：

(1) 高层建筑、纪念性大型建筑；

(2) 重型工业厂房；

(3) 高耸结构，如烟囱、铁塔等；

(4) 精密机械设备；

(5) 软弱地基及地震区建筑等。

桩按施工方法分为预制桩和灌注桩，按承载力分为端承桩和摩擦桩等。

甲：什么叫软弱地基土，如何处理？

乙：软弱土是指土质疏松、压缩性高、抗剪强度低的软土、杂填土和冲填土、松散砂土等。

这些软弱土必须经过技术处理后才能作为地基用，处理的方法有：换土垫层法、挤密或振冲法、碾压夯实法、预压法、化学加固处理法、加筋法等。

附录 A

地基基础工程常见质量事故与通病防治

建筑工程质量事故是指工程质量达不到合格标准，必须进行返修、加固或报废，由此造成的直接经济损失在 5 000 元以上的质量事故。

建筑工程质量通病是指那些经常出现的（主要是由于施工中的不良习惯引起的）、带有普遍性且往往不易引起重视的质量缺陷。

事故和通病均属于工程质量问题，但却是两个不同的概念。事故通常表现为建筑结构局部或整体的破坏和倒塌；而通病仅表现为具有影响正常使用以及承载力、耐久性、完整性的种种隐藏的或显露的不足。通病往往是产生事故的直接或间接原因，事故往往是通病的质变和发展。

A.1 地基基础工程事故预防与处理

A.1.1 事故预防

工程实践表明，通过精心设计、精心施工，绝大部分地基基础工程事故是可以预防的，要牢固树立工程事故预防为主的原则。总体上讲，地基基础工程事故预防可从以下几个方面考虑。

1. 认真做好工程勘察工作

要根据建筑场地的特点、拟建建筑物的具体情况，合理确定工程勘测的目的和任务；工程报告要能全面、正确地反映建筑场地的工程地质和水文地质情况。

2. 精心设计

在全面、正确了解场地工程地质条件的基础上，根据建筑物对地基的要求，进行地基基础设计。如天然地基不能满足要求，则应进行地基处理形成人工地基，并采用合理的基础形式。对地基处理和基础工程力求做到精心设计，同时还要将地基、基础和上部结构视为一个整体，在设计时统筹考虑。设计时要考虑地基、基础和上部结构的相互作用，要认真分析地基变形,正确估计工后沉降,并严格控制建筑物工后沉降在允许范围内。

3. 精心施工

合理的设计需要通过精心施工来实现。进行地基基础工程施工时,应严格按照有关施工规范(规程)规定的施工工艺和操作标准进行施工,要认真组织工程质量检查和验收工作。

4. 认真做好施工过程中的监测工作

根据地基基础工程性质、场地地质条件和水文地质条件,必要时要十分重视施工过程中的监测工作,认真做好工程监测,并根据监测情况及时、合理地调整和完善施工方案。施工方案的质量和安全措施是保证地基工程质量、预防事故的有力保障。

A.1.2 事故处理的原则及程序

发生地基基础工程事故后,要分析事故产生的原因,对事故现状做出评估,对事故的进一步发展做出预估,在现场研究和详细分析的基础上提出事故处理方案。必要时,还要组织专家或委托工程顾问公司提出事故处理方案。

(1) 对地基不均匀沉降造成上部结构开裂、倾斜的,如地基沉降确已稳定,且不均匀沉降未超标准,在能保证建筑物安全使用的情况下,只需对上部结构进行补强加固,不需对地基进行加固处理。

(2) 如地基沉降变形尚未稳定,则需对建筑物的地基进行加固,以满足建筑物对地基沉降的要求。在地基加固的基础上,对上部结构进行修复或补强加固。

(3) 如已造成上部结构的严重破坏,难以补强加固,或进行地基加固和结构补强费用较大,还不如拆除原有建筑物重建时,则应拆除原有建筑物进行重建。

地基基础工程事故处理程序如图 A-1 所示。事故发生后,一方面要通过现场调查,分析设计施工资料(包括原设计图、工程地质报告和施工记录等),必要时进行工程地质补充勘察、分析工程事故原因;另一方面,要对建筑物现状进行评估,对事故的进一步发展做出估计。在以上分析的基础上,提出事故处理意见。

在确定事故处理意见时,首先确定是否值得对原有建筑物进行加固,如加固费用与重建费用相差不大,且原有建筑物也无特殊历史价值时,应拆除重建。如决定进行地基基础加固,应根据既有建筑物地基基础加固技术规范规定对原有建筑物进行地基基础鉴定。

根据加固目的,结合地基基础和上部结构情况,提出几种技术可行的地基基础加固方案。通过技术、经济指标比较,并考虑对邻近建筑物和环境的影响,因地制宜,选择最佳加固方案。在加固施工过程中进行监测,根据监测情况,如需要可及时调整施工计划以及加固方案。

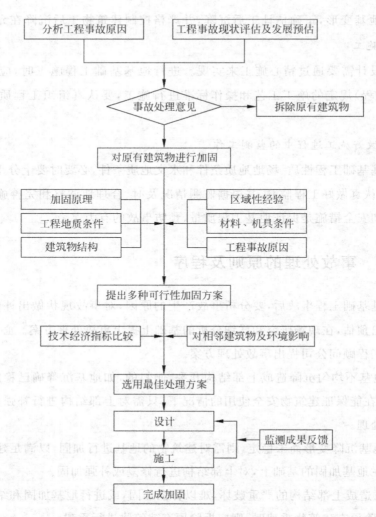

图 A-1　地基基础工程事故处理程序

A.2　地基基础工程事故及案例分析

　　地基基础工程常见工程事故有：地基失稳引起的工程事故、地基沉降引起的工程事故、地基渗流引起的工程事故、边坡滑动引起的工程事故、地震引起的工程事故和特殊地基工程事故等。

A.2.1　地基失稳引起的工程事故

　　地基失稳是由于结构物作用在地基上的荷载密度超过地基的承载力，引起地基发生剪切破坏。地基失稳往往导致建筑物发生倒塌破坏，并造成较大的生命财产损失。由于地基失稳事故补救难度大，建筑物破坏后往往需要重新建造，故对于地基失稳事故重在预防，除做好工程勘察、设计、施工和监理外，进行必要的监测也是非常重要的。如发现地基沉降速率或不均匀沉降速率较大时，要及时采取措施，进行地基基础加固或卸载，以确保安全。

例 A-1　美国纽约某水泥筒仓地基失稳破坏。

该水泥筒仓地基土层如图 A-2 所示，共分 4 层：地表第 1 层为黄色黏土，厚 5.5m 左右；第 2 层为层状青色黏土，标准贯入试验 $N=8$，厚 17.07m 左右；第 3 层为棕色碎石黏土，厚度较小，仅 1.83m 左右；第 4 层为岩石。水泥筒仓上部结构为圆筒形结构，直径 13.0m，基础为整板基础，基础埋深 2.8m，位于第 1 层黄色黏土层中部。

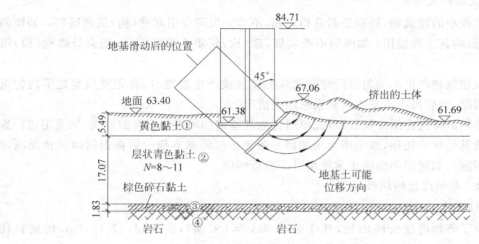

图 A-2　某水泥筒仓地基失稳破坏示意图

1914 年因水泥筒仓严重超载，地基发生整体剪切破坏。地基失稳破坏使一侧地基土隆起高达 5.1m，并使 23m 以外的办公楼受地基土体剪切滑动影响产生倾斜。地基失稳破坏引起水泥筒仓倾斜 45°左右，地基失稳破坏示意如图 A-2 所示。

当这座水泥筒仓发生地基失稳破坏预兆，即发生较大沉降速率时，未及时采取任何措施，造成地基发生整体剪切滑动，进而导致筒仓倒塌破坏。

A.2.2　地基沉降引起的工程事故

建筑物沉降过大，特别是不均匀沉降超过允许值，将会影响建筑物的正常使用甚至导致建筑物发生局部破坏。

建筑物均匀沉降对其上部结构影响不大。但如沉降量过大，可能造成室内地坪低于室外地坪，引起雨水倒灌、管道破裂和污水不易排除等问题。沉降偏大往往伴随着不均匀沉降。

不均匀沉降过大是造成建筑物倾斜和产生裂缝的主要原因。造成建筑物不均匀沉降的原因很多，如地基土质不均匀、建筑物体型复杂、上部结构荷载不均匀、相邻建筑的影响及相邻地下工程施工的影响等。建筑物不均匀沉降过大对上部结构的影响主要反映在如下几个方面。

1. 墙体产生裂缝

不均匀沉降使砌体承受弯曲，砌体因拉应力过大而产生裂缝。长高比较大的混合结构，如中部沉降比两端沉降大就可能产生八字裂缝，如两端沉降比中部沉降大则可能产生倒八字裂缝。

2. 柱体断裂或压碎

不均匀沉降使中心受压柱产生纵向弯曲而导致拉裂，严重的还可能造成柱压碎失稳。

3. 建筑物产生倾斜

长高比较小的建筑物，特别是高耸构筑物，不均匀沉降会引起建（构）筑物倾斜。如倾斜过大，就会影响其正常使用；如倾斜不断发展，建（构）筑重心不断偏移，则会导致建（构）筑倒塌破坏。

当发现建筑物产生不均匀沉降导致建筑物倾斜或产生裂缝时，首先要搞清楚不均匀沉降发展的情况，然后再决定是否需要采取加固措施。

如不均匀沉降尚在继续发展，首先要通过地基基础加固遏制沉降的发展，如采用锚杆静压桩托换或其他桩式托换，或采用地基加固方法等。沉降基本稳定后再根据倾斜情况决定是否需要纠倾。如倾斜不影响正常使用可不进行纠倾。

例 A-2　苏州虎丘塔纠倾处理。

1. 工程概况

该塔位于苏州虎丘公园山顶，建于公元 961 年（宋朝），共 7 层，高 47.5m，塔底直径 13.66m，呈八角形，由外壁、回廊和塔心三部分组成，如图 A-3 所示。1980 年，虎丘塔向东北方向严重倾斜，塔底座处发生多处裂缝，加固前塔顶离中心垂线达 2.31m，倾斜角达 $2°47'2''$，倾斜值为 0.0486（超过《建筑地基基础设计规范》（GB 50007—2011）规定的 0.006 允许值 8 倍）。

2. 事故原因分析

加固前经勘察发现，虎丘山由硬质凝灰岩和晶屑流纹岩构成，山顶岩面倾斜，西南高、东北低。虎丘塔的地基为 1～2m 厚的大石块人工地基，东北厚、西南薄。人工地基下为粉质黏土，呈可塑至软塑状态，底部为风化岩石和基岩（图 A-4）。在塔底范围内岩石顶面的覆盖层厚度在西南面为 2.8m，在东北面为 5.8m，相差 3m。

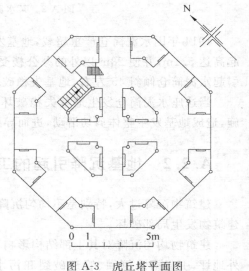

图 A-3　虎丘塔平面图

虎丘塔并无扩大的基础层，只是在塔身的地面以下、人工地基以上砌 8 皮砖（直径同塔身），即人工地基上的基础埋深为 0.5m，砖砌塔身直接坐落于其上。估算塔身重 63 000kN，地基单位面积压力高达 435kN/m²，大于地基承载力。

分析认为，虎丘塔倾斜的根本原因是塔基以下、岩石层顶面以上覆盖土层厚度相差悬殊。此外，南方多暴雨，雨水渗入地基块石层，冲走石块之间的细粒土，形成很多空洞；20 世纪六七十年代无人管理，树叶堵塞塔周围的排水沟，大量雨水下渗，软化粉质黏土，加剧塔基的不均匀

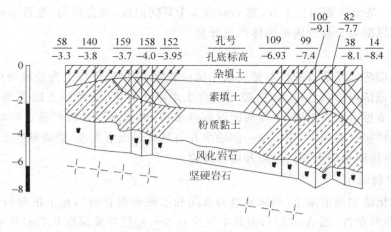

图 A-4　虎丘塔地质剖面图

沉降,此为塔身倾斜的导因。而地基压力过大,则会加速塔身倾斜。塔身倾斜后,使东北部基础附近砌体压应力增加,当此压应力超过塔身砌体抗压强度时就形成塔身的裂缝。

3. 加固处理方案

第一期加固工程:在塔四周建造一圈桩排式地下连续墙,目的是避免塔基土流失和地基土的侧向变形。具体做法是在离塔墙外约 3m 处用人工挖直径 1.4m 的桩孔,深入基岩 50cm,浇筑混凝土并设置钢筋至地面。加固次序先从最危险的塔东北方向开始,逆时针排列,共 44 根桩墩。施工时,每挖深 80cm,即浇筑 15cm 厚的桩圈护壁;每完成 6～7 根桩,即在其顶部浇筑截面高度为 45cm 的圈梁,将桩墩连为整体。

第二期加固工程:进行钻孔注浆和树根桩加固塔基。钻孔的直径为 90mm,位于第一期工程中排桩式圆环形地下连续墙与塔基之间,由外及里分三排圆环形注浆 113 孔,把塔四周地基固结起来,最后进入塔身做树根桩。在回廊中心和 8 个壶门内,共做 32 根竖向树根桩;并在壶门之间 8 个塔身各做 2 根斜向树根桩,总计 48 根树根桩。桩径 90mm,配 3 根 Φ16 二级钢筋,采用压力注浆成桩。该工程加固效果良好。

A.2.3　地基渗流引起的工程事故

土是固体矿物、水和气体三部分组成的不连续介质,其骨架是由不同矿物、不同尺度和形状的颗粒形成,骨架的空隙中填充水和空气。土的渗流是由于土骨架空隙中的水在水头压力差作用下发生流动的现象。因渗流引起的渗透变形会导致堤坝溃决、基坑倒塌、隧道矿井失事等工程事故。当渗流速度较大时会造成的工程事故如下:

(1) 渗流形成流土、管涌导致地基破坏;

(2) 渗流造成潜蚀,在地基中形成土洞、溶洞或土体结构改变,导致地基破坏;

(3) 当地下水位下降时,原来处于地下水位以下的地基土的有效应力因失去水的浮力而增加,进而使地基土的附加应力增加,导致建筑物发生超量沉降或不均匀沉降。反之,当地下水位上升时,会使地基土的含水率增加,强度降低而压缩性增加,同样可能使建筑物产生过大沉降或不均匀沉降。

例 A-3　某变压器间长 15m、宽 4m，由 5 个开间组成，混合结构，毛石基础，因基础不均匀下沉导致纵横墙交接处附近墙体严重开裂。

1. 原因分析

经对该楼房地基进行开挖和钻探取样试验表明，基础底面以上为松软杂填土，基底以下 1.5~3.0m 范围内为黄色黏土，空隙比和含水率都比较大，黄色黏土以下为风化破碎的石灰岩。由于该楼房地处山坡，房屋周围没有排水沟，地表水渗透较严重。同时，地下水的主要流向是从楼房基底通过，使房屋一侧抽水井与基底形成水头差，造成基底土颗粒流失形成空洞，引起该房屋基础不均匀沉降和墙体开裂。

2. 处理措施

采用硅化法加固地基土（加固浆液为水泥和水玻璃混合液），在下沉量较大的南面和东面布孔，梅花形布置（图 A-5(a)），灌浆半径为 0.8m，每层灌浆深度 0.5m，并采用 1:0.4 的斜孔（图 A-5(b)），以使浆液渗入基底以下土层中。为了防止浆液流到抽水井中，灌浆时先内排后外排。考虑到被加固的黄色黏土空隙较大，容易进浆，施工时采用自下而上的灌注方法，使基底下的土能均匀硅化。经硅化加固地基后，该楼房沉降基本稳定，加固效果较好。

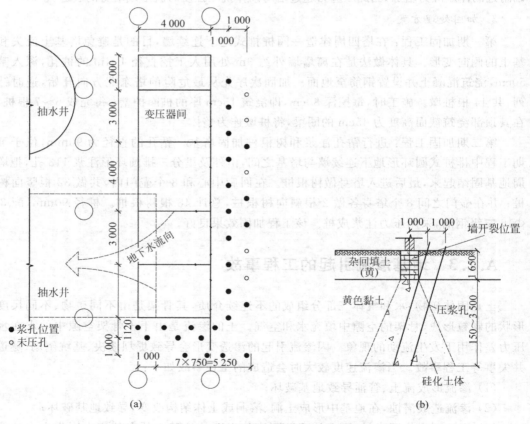

图 A-5　某变压器间灌浆加固示意图

(a) 平面和灌浆孔位置；(b) 灌浆剖面示意图

A.2.4 边坡滑动引起的工程事故

土坡滑动不仅危及边坡上的建(构)筑物,还危及边坡上方及边坡下方的建(构)筑物的安全。在边坡上或土坡上方建造建(构)筑物或堆放重物,往往要增加坡上作用的荷载;土坡排水不畅或因长时间下雨地下水位上升,往往会减小土坡土体的抗剪强度,并增加渗流力的作用;疏浚河道或在坡脚挖土会减小土坡稳定性及土体蠕变造成土体强度降低等。上述各种情况均可能诱发土坡滑动。常见防止边坡滑动的措施有减少荷载、放缓坡度、支挡、护坡、排水、土质改良和加固等。

例 A-4 四川省某工程山坡土质为坚硬密实的黏土夹卵石层,土的抗剪强度较高。使用一段时间后,因土坡上蓄水池大量漏水而渗入地下,使坡脚土体软化,抗剪强度降低,山坡由少量滑动发展为较大的滑坡。滑坡体长约100m,宽约60m,最大深度为8~9m,滑下的土破坏了排水沟和挡土墙,冲至附近厂房的生活间,并淹没到2层楼位置,严重影响了该厂的生产和安全(厂房附近边坡情况如图A-6所示)。

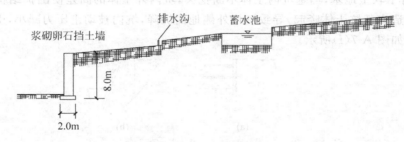

图 A-6 某厂边坡示意图

1. 原因分析

造成边坡滑动的原因主要有两个方面:一是坡上蓄水池漏水并渗入水中,使土体自重增加,抗剪强度降低,出现少量滑动,挤垮了挡土墙;二是在雨季,雨水大量渗入土中,由于原设置的排水沟被破坏,使后山的水大量经由排水沟渗入坡体土内,进而造成大面积滑坡。

2. 处理措施

立即废除蓄水池,断绝水源;雨季维持滑坡原状不动,注意观察;到旱季时立即修复挡土墙,填土分层夯实和修复原排水沟;斜坡应夯实,坡面平整和植被。

A.2.5 基坑工程事故

随着大量高层和超高层建筑及地下工程的不断涌现,对基坑工程的要求越来越高,确保基坑工程的安全稳定已成为高层建筑施工的关键问题之一。

引起基坑工程事故的原因很复杂,它不仅与围护结构的形式有关,还与工程地质和水文地质条件密切相关,对其进行严格分类是很困难的。但总体上可分为两个方面:一是围护结构变形过大或失效引起的工程事故;二是土体失效引起的工程事故。

围护结构变形较大,会引起周围地面沉降和发生较大的水平位移。如变形过大,将会影响相邻建筑物和市政设施的正常使用，严重的还会危及其安全。此外，地下水位下降及渗流带走地基土体中的细颗粒过多也会引起周围发生过大沉降。

1. 属于围护结构失效引起的情况

（1）因围护墙不足以抵抗土压力形成的弯矩，墙体折断造成基坑边坡倒塌，如图 A-7(a) 所示；

（2）对撑锚围护结构，支撑或锚杆系统失稳，引起墙体破坏，如图 A-7(b) 所示。

2. 属于土体失效的情况

（1）围护结构插入深度不够或撑锚系统失效造成基坑边坡发生整体滑动破坏，如图 A-7(c) 所示；

（2）对内撑式和拉锚式围护结构，插入深度不够或坑底土质差，被动土压力减少或丧失，造成围护结构踢脚失稳破坏，如图 A-7(d) 所示；

（3）当基坑外侧地下水位较高，基底土质较差时，基坑可能会因渗流发生管涌，使被动土压力减少或丧失，造成围护体系破坏，如图 A-7(e) 所示；

（4）对于软土地基，当基坑内土体不断挖去，坑内外土体的高差使围护结构外侧土体向坑内挤压，造成基坑土体隆起，导致基坑外侧地面沉降，坑内被动土压力减小，引起围护体系失稳破坏，如图 A-7(f) 所示。

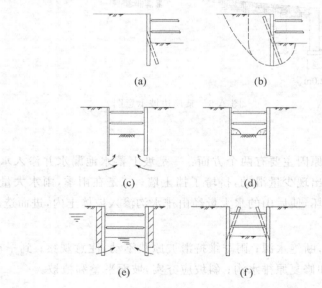

图 A-7　维护体系破坏的基本形式

(a) 墙体折断破坏；(b) 整体失稳破坏；(c) 基坑隆起破坏；(d) 踢角失稳破坏；
(e) 管涌破坏；(f) 支撑体系失稳破坏

例 A-5　沿海某城市一大厦建在软黏土地基上，其主楼部分为两层地下室，基坑深 10m；裙房部分为一层地下室，基坑深 5m。平面位置如图 A-8(a) 所示，基坑支护结构采用水泥土重力挡土墙，主楼及裙房基坑支护体系的计算开挖深度均取 5m，如图 A-8(b) 所示。

当裙房和主楼部分基坑开挖至地坪以下 5m 深时，挡土墙变形很小；当主楼部分基坑继续开挖至地面以下 8m 左右时，主楼西、南侧支护墙包括裙房支护墙均产生整体失稳破坏,而东、北两侧支护墙完好无损,变形很小。西、南两侧支护墙失效造成主楼部分桩位严重移动。

事故原因是支护墙结构计算简图错误,即对主楼西、南两侧支护墙均取与裙房相同的开挖深度 5m 计算是错误的。当总挖深超过 5m 后,作用在主楼支护墙上的主动土压力远大于计算土压力,提供给裙房支护墙上的被动土压力远小于计算被动土压力。当开挖深度接近 8m 时,势必造成整体失稳。东、北未发生破坏是由于该两侧主楼和裙房之间有较长的平台 L(图 A-8(b)),该两侧主楼支护墙足以承担总开挖深度 8~10m(实际只有 3~5m)的主动土压力。

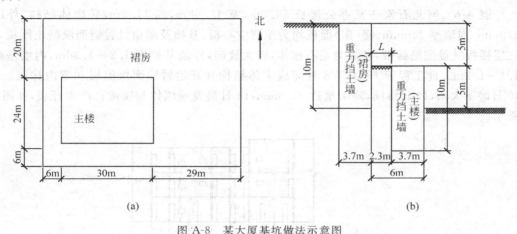

图 A-8　某大厦基坑做法示意图
(a) 主楼和裙房总平面;(b) 西、南侧基坑挡土墙剖面示意图

A.2.6　因软弱或特殊地基处理不当造成的工程事故

软弱地基是指主要由淤泥、淤泥质土、充填土、杂填土或其他高压缩性土层构成的地基,由于其压缩性高、抗剪强度低,常导致建筑物发生不均匀沉降,进而引起上部结构开裂和破坏。特殊土地基一般是指湿陷性黄土、膨胀土、冻土及盐渍土地基等。

湿陷性黄土地基受水浸湿后,土体结构会迅速破坏并发生显著附加沉降,导致建筑物开裂和破坏。

膨胀土是指具有较大的吸水膨胀和失水收缩变形特征的高塑性黏性土,其液限大于 40%,塑性指数大于 17,天然含水率接近或略小于塑限,液性指数常小于零。土的压缩性很小,但自由膨胀率一般超过 49%。膨胀土地基吸水膨胀和失水收缩会造成建筑物及市政设施破坏。膨胀土地基在我国主要分布在云南、广西、河北、河南、山东、安徽、四川和湖北等地。

冻土地基是由于土中水冻结时体积会较原水的体积增大 9%,进而使土体体积膨胀,但冰融化后其体积减小又使土的体积变小。地基土的冻胀及融化会导致建筑物开裂、倾斜、路基下沉、桥梁破坏和涵洞错位等工程事故。

盐渍土是指含盐量超过 0.3% 的土,盐渍土中的含盐量对土的物理力学性质影响较大。盐渍土受水浸湿后,土中盐溶解会使地基溶陷,某些含硫酸钠的盐渍土在环境温度和湿度发生变化时土体还会发生体积膨胀。此外，盐渍土的盐溶液会引起建筑物和市政设施材料的腐蚀。

在上述地基上建造建筑物和构筑物时，须对其进行处理，以保证地基的强度和稳定性。软弱或特殊土地基常用的处理方法很多，不同的方法有不同的适用范围，常见的有换土垫层、夯实、振动及挤密、排水固结和化学加固等。地基处理效果能否达到预期目的，取决于设计人员对地基处理方案的选择是否得当，各种加固参数的选定是否合理，施工质量是否得到保证等诸多因素。受地基地质条件的复杂性、具体工程条件的多变性以及施工质量等因素的影响，一旦地基处理达不到预期效果，往往引起地基基础工程的缺陷事故。

例 A-6　河北石家庄某办公楼长 56.6m，宽 12.68m，高 11.9m，砖砌体结构，外墙厚 370mm，内墙厚 240mm，楼（屋）面板均为预制空心板，基础及屋顶设置钢筋混凝土圈梁，二、三层楼板处设配筋砖带，基础为毛石砌体，砖大放脚，外墙基础宽 1.2～1.36m，内墙基础宽 1.1～1.2m。此工程于 1974 年 8 月完成主体结构并开始做屋面保温层和室内抹灰。8 月 10 日晚下大雨，11 日继续，降雨量达 87.8mm，12 日晨发现墙体和楼面已严重开裂，如图 A-9 所示。

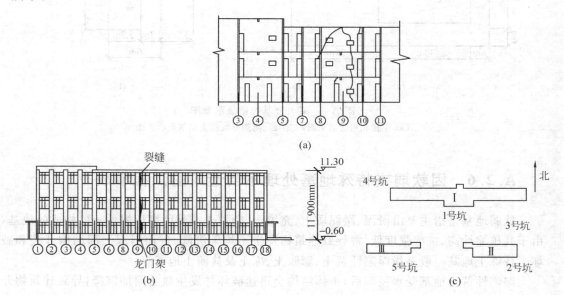

图 A-9　内外墙开裂情况

（a）总平面；（b）南立面；（c）内纵墙开裂情况

1. 事故原因分析

对地基勘察试验结果表明，该建筑地基土为轻微或中等湿陷性黄土，由于下雨及施工现场排水不畅，使地基土受水浸湿。湿陷性黄土在天然状态时具有较高的强度和较低的压缩性，但受水浸湿后土的结构迅速破坏，强度降低，并产生显著的不均匀沉陷，进而导致房屋开裂。此外，由于圈梁的构造做法不好，大大加重了房屋开裂的严重程度，如圈梁与预制进深梁顶皮为同一标高，圈梁在纵向没有贯通，现浇圈梁和预制梁连接是靠梁两侧伸出的短钢筋和圈梁钢筋绑扎搭接，施工中存在搭接长度不足和搭接筋未绑扎等。

2. 处理措施

屋面用 4 道通长角钢加固,二、三层楼面采用钢筋混凝土连接方法拉结裂缝两侧楼板;外墙顶层圈梁由 240mm×180mm 改为 360mm×180mm,内墙顶层圈梁在原有基础上加设钢筋;在圈梁与预制梁交接处普遍凿开,用焊接方法加以纠正并加密箍筋;严重开裂墙体拆除重砌,一般裂缝用钢筋混凝土扒锯拉结,小裂缝用压力灌浆补强;加宽散水宽度等。

A.2.7　地震引起的工程事故

地震对建筑物的影响不仅与地震的烈度有关,还与建筑场地效应、地基土的动力特性有关。唐山地震及汶川地震震后调查发现,同一烈度区内建筑物的破坏程度有显著差异,这一现象普遍存在。对同一类土,因地形不同,可以出现不同的场地效应,房屋的震害也不同。在同样条件下,黏土地基和砂土地基、饱和土与非饱和土地基上房屋的震害差别也很大。

震害调查表明,由明显地基基础原因造成的建筑物震害只占建筑破坏总数的一小部分,但由于砂土地基液化、软黏土地基震陷、不均匀地基震害等给建筑物上部结构带来的破坏是严重的,震后修复加固也非常困难。

地震时饱和砂土和粉土地基可能产生液化,饱和黏土可能产生震陷。砂土地基液化和软黏土地基震陷会造成地基承载力降低甚至丧失,使建(构)筑物产生较大的沉降和不均匀沉降,造成建(构)筑物和市政设施的严重破坏。

地震时,具有古河道、明浜和暗浜以及坡地半填半挖等非均质地基可能产生严重的不均匀沉降,造成建(构)筑物破坏;孤立的山丘、山梁、高差较大的黄土台地以及山嘴等地形形态震害比较严重;此外,多层地基、土层分布对震害也有较大影响。

对不良地基进行处理可有效提高地基的抗震性能。对较容易产生液化的饱和砂土和粉土地基可采用振密法处理,如振冲挤密碎石桩法、强夯法等;对于易产生震陷的饱和软黏土地基可采用排水固结法和置换法处理,如堆载预压排水固结法、强夯置换法等。此外,采用抗震性较好的基础形式,如桩基或增大基础埋深也可提高抗震性能。

A.2.8　基础工程事故

除地基工程事故外,基础工程事故也会影响建筑物的正常使用和安全。基础工程事故可分为基础错位事故、基础构件施工质量事故、其他基础工程事故等。

基础错位事故是指因设计或施工放线造成基础位置与上部结构要求的位置不符合,如工程桩偏位、柱基础偏位、基础标高错误等。

基础施工质量事故类型很多,基础类型不同,质量事故也不同。如桩基,有断桩、缩颈、桩端未达设计深度要求、桩身混凝土强度不足等;又如扩展基础,混凝土强度未达要求,钢筋混凝土表面出现蜂窝、露筋或孔洞等。其他基础事故如基础形式不合理、设计错误造成的工程事故等。

A.3 施工现场常见地基基础工程质量通病与防治

A.3.1 基坑（槽）开挖质量通病与防治

基坑（槽）开挖时常见的质量通病有开挖边坡塌方、基槽泡水和超挖等。

1. 开挖边坡塌方

1) 现象

在挖方工程中或挖方后，边坡土方局部或大面积塌陷或滑塌，使地基土受到扰动，承载力降低，严重的会影响建筑物的安全和稳定。

2) 原因分析

（1）基坑（槽）开挖较深，放坡不够；或通过不同土层时，没有根据土的特性分别放成不同坡度，使边坡失去稳定而造成塌方。

（2）在有地表水、地下水作用的土层开挖基坑（槽）时，未采取有效的降（排）水措施，土层受到地表水和地下水的影响而湿化，黏聚力降低，在重力作用下失去稳定而塌方。

（3）边坡顶部堆载过大，或受外力振动影响，使坡体内剪应力增大，土体失去稳定而塌方。

（4）土质松软，开挖次序、方法不当而造成塌方。

3) 防治措施

对基坑（槽）塌方，可将坡脚塌方清除做临时性支护（如堆装土草袋、设支撑、砌护墙等）措施。

对永久性边坡局部塌方，可将塌方清除，用块石筑砌或回填 2∶8、3∶7 灰土嵌补，与土接触部位做成台阶搭接，防止滑动；或将坡顶线后移；或将坡度改缓。

2. 基槽泡水

1) 现象

基坑（槽）开挖后，地基土被水浸泡。

2) 原因分析

基坑（槽）开挖后，地基被水浸泡，有可能是因为直接在地下水位以下挖土，基土浸水，由固态变成流态，降低地基承载力，引起地基大量沉降。

3) 防治措施

（1）已被水浸泡的基坑（槽），应立即检查排水（或降水）设施，疏通排水沟，并采取措施将水引走、排净。

（2）对已设置截水沟而仍有小股水冲刷边坡和坡脚时，可将边坡挖成阶梯形或用装土草袋护坡，将水排除，使坡脚保持稳定。

（3）已被水浸泡扰动的土，可根据具体情况，排水晾晒后夯实，或抛填碎石、小块石夯实，或换土（3∶7 灰土）夯实，或挖去淤泥加深基础等。

3. 超挖

1) 现象

坑底或边坡界面不平,出现较大凹洼,造成积水。基底土被扰动,土结构被破坏,降低土的承载力;或边坡坡度加大,影响边坡稳定。

2) 原因分析

(1) 测量放线错误。

(2) 采用机械开挖,操作控制不严,局部多挖。

3) 防治措施

(1) 基底局部超挖,应用与基土相同的土料填补,并夯实到要求的密实度。如用原土填补不能达到要求的密实度时,应用碎石类土填补,并仔细夯实。如重要部位被超挖,可用低强度等级的混凝土填补。

(2) 边坡局部超挖,可用浆砌块石填砌或用 3∶7 灰土夯实。与原土坡接触部位应做成台阶接槎,防止滑动。

(3) 如超挖范围较大,须与设计单位共同协商研究解决办法,不得擅自改变基底标高或坡顶线。

A.3.2　砖基础质量通病与防治

砖基础工程常见的质量通病有基础轴线偏移、基础标高误差和基础防潮层失效等。

1. 基础轴线偏移

1) 现象

砖基础由大放脚砌至室内标高(±0.000)处,其轴线与上部墙体轴线错位。基础轴线偏移多发生在住宅工程的内横墙,这将使上层墙体和基础产生偏心受压,影响结构受力性能。

2) 原因分析

(1) 基础是将龙门板中线引至基槽内进行摆底砌筑。基础大放脚进行收分(退台)砌筑时,由于收分尺寸不易准确掌握,砌至大放脚顶再砌基础直墙部位容易发生轴线位移。

(2) 横墙基础的轴线,一般应在槽边打中心桩。如工程放线仅在山墙处设控制桩,横墙轴线由山墙一端排尺控制,由于基础一般是先砌外纵墙和山墙部位,待砌横墙基础时,基槽中线被封在纵墙基础外侧,无法吊线找中。若采取隔墙吊中,轴线容易产生更大的偏差。有的槽边中心控制桩,由于堆土、放料或运输小车的碰撞而丢失、发生位移。

3) 防治措施

(1) 在建筑物定位放线时,外墙角处必须设置龙门板,并有相应的保护措施,防止槽边堆土和进行其他作业时碰撞而发生移动。龙门板下设永久性中心桩(打入地面一半,四周用混凝土封固),龙门板拉通线时,应先与中心桩核对。为便于机械开挖基槽,龙门板也可在基槽开挖后打设。

(2) 横墙轴线不宜采用基槽内排尺控制,应设置中心桩。横墙中心桩应打入与地面齐平,为了便于排尺和拉中心线,中心桩之间不宜堆土和放料,挖槽时应用砖覆盖,以便于清土寻找。在横墙基础拉中心线时,可复核相邻轴线距离,以验证中心桩是否有移位情况。

(3) 为防止砌筑基础大放脚收分不匀而造成轴线位移,应在基础收分部分砌完后,拉通线重新核对,并以新定的轴线为准,砌筑基础直墙部分。

（4）按施工流水分段砌筑的基础,应在分段处设置龙门板。

2. 基础标高误差

1）现象

基础砌至室内地坪处,标高不在同一水平面。基础标高相差较大时,会影响上层墙体标高的控制。

2）原因分析

（1）砖基础下部的基层（灰土、混凝土）标高偏差较大,因而在砌筑砖基础时对标高不易控制。

（2）由于基础大放脚宽大,基础皮数杆不能贴近,难以确定所砌砖层与皮数杆的标高差。

（3）基础大放脚填芯砖采用大面积铺灰的砌筑方法,由于铺灰厚薄不匀或铺灰面太长,砌筑速度跟不上,砂浆因停歇时间过长而挤浆困难,灰缝不易压薄而出现冒高现象。

3）防治措施

（1）应加强对基础标高的控制,尽量控制在允许负偏差之内,砌筑基础前应将基土垫平。

（2）基础皮数杆可采用小断面（2cm×2cm）方木或钢筋制作,使用时将皮数杆直接夹砌在基础中心位置。采用基础外侧立皮数杆检查标高时,应配以水准尺校对水平。

（3）宽大基础大放脚的砌筑,应采取双面挂线保持横向水平,砌筑填芯砖应采取小面积铺灰,随铺随砌,顶面不应高于外侧跟线砖的高度。

3. 基础防潮层失效

1）现象

防潮层开裂或抹压不密实,不能有效地阻止地下水沿基础向上渗透,造成墙体经常潮湿,使室内粉刷层剥落。外墙受潮后,经盐碱和冻融作用,年久后砖墙表皮逐层酥松剥落,影响居住环境卫生和结构强度。

2）原因分析

（1）防潮层失效不是当时或短期内能发现的质量问题,因此,施工质量容易被忽视。如施工中经常发生砂浆混用,将砌筑基础时剩余的砂浆作为防潮层砂浆使用,或在砌筑砂浆中随意加些水泥,这些均达不到防潮砂浆的配合比要求。

（2）在防潮层施工前,基面上不做清理,不浇水或浇水不够,影响防潮层砂浆与基面的黏结。操作时表面抹压不实,养护不好,使防潮层因早期脱水,强度和密实度达不到要求,或出现裂缝。

（3）冬期施工防潮层因受冻失效。

3）防治措施

（1）防潮层应作为独立的隐蔽工程项目,在整个建筑物基础工程完工后进行施工,施工时尽量不留或少留施工缝。

（2）防潮层下三层砖要满铺满挤,横、竖灰缝砂浆都要饱满,24墙防潮层下的顶皮砖应采用满丁砌法。

（3）防潮层施工宜安排在基础房心土回填后进行。宜采用掺适量防水剂的1∶2.5水泥砂浆,厚度宜为 2cm。

（4）厚度 6cm 的混凝土圈梁防潮层施工,应注意混凝土骨料级配及严格限制砂石含泥量,圈梁面层应加强抹压,也可撒干水泥压光处理。

（5）防潮层砂浆和混凝土中严禁掺盐。冬期施工应采取保温措施,否则不许施工。

（6）防潮层应按隐蔽工程进行验收。

A.3.3　钢筋混凝土基础质量通病与防治

1. 现象

钢筋混凝土基础常见的质量通病有蜂窝、露筋或孔洞。其中,蜂窝是指混凝土表面无水泥浆,露出石子深度大于 5mm,但小于保护层厚度的缺陷;露筋是指主筋没有被混凝土包裹住而外露的缺陷;孔洞是指深度超过保护层厚度,但不超过截面尺寸 1/3 的缺陷。

2. 原因分析

（1）不按规定的施工顺序和施工工艺进行施工,混凝土浇筑时自由下落高度过大,以及运输浇灌的方法不当等因素造成混凝土离析,石子成堆,形成蜂窝和孔洞。

（2）混凝土配合比不准确,或者砂、石、水泥等材料计量有误,混凝土中含有泥块和杂物没有清除干净,或将大件料具、木块打入混凝土中,浇筑后在基础表面形成蜂窝和孔洞。

（3）模板空隙未堵好,模板严重跑浆,或支撑不牢固,振捣混凝土时模板移位,造成蜂窝和孔洞。

（4）不按规定要求下料,而是用料斗直接注入模板中浇筑混凝土,或一次下料过多,下部振捣器振动作用半径达不到,形成蜂窝和孔洞。

（5）在钢筋密集处,由于混凝土中石子太大而被密集的钢筋挡住,或在预留孔洞和预埋件处混凝土浇筑不畅通,使浇筑的混凝土不能充满模板,形成蜂窝和孔洞。

3. 防治措施

（1）对基础内部无质量问题,仅在表面出现的孔洞,只需进行局部修复。此时需将孔洞附近疏松不密实的混凝土及突出的石子或杂物剔除干净,缺陷部分上端凿成斜形,避免出现小于 90°的死角,再用清水并配以钢丝刷清洗剔凿面,并充分润湿 72h 后,用比原混凝土强度高一级的细石混凝土,内掺适量的膨胀剂,进行填实修补,细石混凝土的水灰比不得大于 0.5,修补后要剔除多余的混凝土。

（2）对剔凿后深度不大的孔洞,可用喷射细石混凝土修复,也可用环氧树脂混凝土进行修补。

（3）当基础内部出现孔洞时,常用压力灌浆法处理,灌浆材料一般为水泥或水泥砂浆,其灌浆方法有一次灌浆和二次灌浆等。

（4）对于露筋问题,一般是先清理外露钢筋上的混凝土和铁锈,用水冲洗湿润后,压抹 1:2 或 1:2.5 的水泥砂浆层进行修补。

（5）当已施工基础质量不可靠时,往往采用加大或加高基础的方法处理。此时,除须进行必要的结构验算外,还要考虑是否有足够的施工作业空间,基础扩大后对使用的影响,以及与其他基础或设备是否有冲突等。

（6）对孔洞、露筋严重的构件，修复工作量大且不易保证质量时，宜拆除重建。

A.3.4　钢筋混凝土预制桩质量通病与防治

钢筋混凝土预制桩常见的施工质量通病有桩身断裂、沉桩达不到设计要求、接桩处松脱开裂和桩顶碎裂等。

1. 桩身断裂

1）现象

桩在沉入过程中，桩身突然倾斜错位，当桩尖处土质条件没有特殊变化，而贯入度逐渐增加或突然增大，同时当桩锤跳起后，桩身随之出现回弹现象，施打被迫停止。

2）原因分析

桩身在施工中出现较大弯曲，在反复的集中荷载作用下，当桩身抗弯强度不能承受弯曲荷载时，即会产生断裂。

（1）一节桩的长细比过大，沉入时，又遇到较硬的土层，或桩入土后遇到大块坚硬的障碍物，把桩尖挤向一侧。

（2）桩制作时，桩身弯曲超过规定，桩尖偏离桩的纵轴线较大，沉入时桩身发生倾斜或弯曲。稳桩时不垂直，打入地下一定深度后，再用走桩架的方法校正，使桩身产生弯曲。

（3）采用"植桩法"时，钻孔垂直偏差过大。桩虽然是垂直立稳放入孔中，但在沉桩过程中，桩又慢慢顺钻孔倾斜沉下而产生弯曲。

（4）两节桩或多节桩施工时，相接的两节桩不在同一轴线上，产生了曲折，或接桩方法不当（一般多为焊接，个别地区使用硫黄胶泥锚接）。

3）防治措施

当施工中出现断桩时，应及时会同设计人员研究处理方法，根据工程地质条件、上部荷载及桩所处的结构部位，可以采取补桩的方法。条基补一根桩时，可在轴线内、外补；补两根桩时，可在断桩的两侧补；柱基群桩时，可在承台外对称补或在承台内补桩。

2. 沉桩达不到设计要求

1）现象

桩设计时是以贯入度和最终标高作为施工的最终控制。一般情况下，以一种控制标准为主，以另一种控制标准为参考。有时沉桩达不到设计的最终控制要求。个别工程设计人员要求双控，更增加了困难。

2）原因分析

（1）一方面，勘探点不够或勘探资料粗略，对工程地质情况不明，尤其是持力层的起伏标高不明，使设计考虑持力层或选择桩尖标高有误，也有时因为设计要求过严，超过施工机械能力或桩身混凝土强度。另一方面，勘探工作是以点带面，对局部硬夹层或软夹层的透镜体不可能全部了解清楚，尤其在复杂的工程地质条件下，还有地下障碍物，如大块石头、混凝土块等。打桩施工遇到这种情况，就很难达到设计要求的施工控制标准。

（2）以新近代砂层为持力层时，由于新近代砂层结构不稳定，同一层土的强度差异很大，桩打入该层时，进入持力层较深才能求出贯入度。群桩施工时，砂层越挤越密，最后就有沉不下去的现象。

（3）桩锤选择太小或太大,使桩沉不到或沉过设计要求的控制标高;桩顶被打碎或桩身被打断,使桩不能继续打入。特别是柱基群桩,布桩过密相互挤实,施打顺序选择不合理。

3）防治措施

（1）遇有硬夹层时,可采用植桩法、射水法或气吹法施工。

（2）桩如果打不下去,可更换能量大些的桩锤打击,并加厚缓冲垫层。选择桩锤应以重锤低击的原则,这样容易贯入,可减少桩的损坏率。

（3）选择合理的打桩顺序,特别是桩基群桩,如若先打中间桩,后打四周桩,则桩会被抬起;反之,若先打四周桩,后打中间桩,则很难打入。故应选择"之"字形打桩顺序,或从中间分开往两侧对称施打的顺序。

（4）桩基础工程正式施打前,应做工艺试桩,以校核勘探与设计的合理性,重大工程还应做荷载试验桩,以确定能否满足设计要求。

3. 接桩处松脱开裂

1）现象

接桩处经过捶击后,出现松脱开裂等现象。

2）原因分析

（1）连接处的表面没有清理干净,留有杂质、雨水和油污等。

（2）采用焊接或法兰连接时,连接铁件不平,有较大间隙,造成焊接不牢或螺栓拧不紧;焊接质量不好,焊缝不连续、不饱满,焊肉中夹有焊渣等杂物;接桩方法有误,受时间效应与冷却时间等因素影响。

（3）采用硫黄胶泥接桩时,由于硫黄胶泥的配比不合适,没有严格按操作规程熬制,以及温度控制不当等,造成硫黄胶泥达不到设计强度,在捶击作用下产生开裂。

（4）两节桩不在同一直线上,在接桩处产生曲折,捶击时接桩处局部产生集中应力而破坏连接。上下桩对接时,未做严格的双向校正,桩顶间存在缝隙。

3）防治措施

（1）接桩前,必须将连接部位上的杂质、油污等清理干净,保证连接部件清洁。检查校正垂直度后,两桩间的缝隙应用薄铁片垫实,必要时要焊牢,焊接应双机对称焊,一气呵成,经焊接检查,稍停片刻冷却后再行施打,以免焊接处变形过多。

（2）检查连接部件是否牢固平整和符合设计要求,如有问题,必须修正后才能使用。

（3）接桩时,两节桩应在同一轴线上,法兰或焊接预埋件应平整服帖,焊接或螺栓拧紧后,捶击几下再检查一遍,看有无开焊、螺栓松脱、硫黄胶泥开裂等现象。如有应立即采用补救措施,如补焊、重新拧紧螺栓并把丝扣凿毛或用电焊焊死。

（4）采用硫黄胶泥接桩时,应严格按照操作规程操作,特别是配合比应经过试验,熬制及施工时的温度应控制好,保证硫黄胶泥达到设计强度。

4. 桩顶碎裂

1）现象

在沉桩过程中,桩顶出现混凝土掉角、碎裂、坍塌,甚至桩顶钢筋全部外露打坏。

2）原因分析

（1）桩顶强度不够,有三个方面的原因:第一,设计时没有考虑到工程地质条件、施工机具等因素,混凝土设计强度等级偏低,或者桩顶抗冲击的钢筋网片不足,主筋与桩顶面距离太小等；第二，预制桩制作时，混凝土配合比不符合设计要求，施工控制不严，振捣不密实等；第三，养护时间短或养护措施不当，未能达到设计强度或虽然试块达到了设计强度，但桩碳化期短，混凝土中水分没有充分排出，其后期强度未充分发挥。因此，钢筋和混凝土在承受冲击荷载时，不能很好地协同工作，桩顶容易发生严重碎裂。

（2）桩身外形质量不符合规范要求，如桩顶面不平、桩顶面与桩轴线不垂直、桩顶保护层厚度不符合设计值等。

（3）施工机具选择或使用不当。打桩时原则上要求锤重大于桩重，但须根据断面、单桩承载力和工程地质条件来考虑。桩锤小，桩顶受打击次数过多，桩顶混凝土容易发生疲劳破坏而被打碎。桩锤大，桩顶混凝土承受不了过大的打击力也会发生破碎。

（4）桩顶与桩帽的接触面不平或桩沉入土中时桩身不垂直，使桩顶面倾斜，造成桩顶局部由于受到集中应力而破损；沉桩时，桩顶未加缓冲垫或损坏后没有及时更换，使桩顶直接承受冲击荷载。

（5）设计要求进入持力层深度过大，施工机械或桩身强度不能满足设计要求。

3）防治措施

（1）发现桩顶有打碎现象，应及时停止沉桩，更换并加厚桩垫。如有较严重的桩顶破裂，可把桩顶剔平补强后，再重新沉桩。

（2）如因桩顶强度不够或桩锤选择不当，应换用养护时间较长的"老桩"或更换合适的桩锤。

A.3.5　干作业成孔灌注桩质量通病与防治

干作业成孔灌注桩，是指不用泥浆或套管护壁措施而直接排出土成孔的灌注桩，是在没有地下水情况下进行施工的方法。常见的干作业成孔灌注桩有螺旋钻孔灌注桩、螺旋钻孔扩孔灌注桩、机动洛阳铲挖孔灌注桩及人工挖孔灌注桩等。干作业成孔灌注桩常见的质量通病有塌孔、孔底虚土、桩身混凝土质量差和桩孔倾斜等。

1. 塌孔

1）现象

成孔后孔壁局部塌落。

2）原因分析

（1）在有砂卵石、卵石或流塑淤泥质土夹层中成孔，这些土层不能直立而塌落。

（2）出现饱和砂或干砂情况下也易塌孔。另外，局部有上层滞水渗漏作用时，也会使该土层塌落。

（3）成孔后没有及时浇筑混凝土。

3）防治措施

（1）先钻至塌孔以下1～2m，用豆石混凝土或低强度等级混凝土填至塌孔以上1m，待混凝土初凝并起到护圈作用后，再钻至设计标高。也可采用3∶7灰土夯实代替混凝土。

（2）钻孔底部如有砂卵石、卵石造成的塌孔，可采用钻探的方法，保证有效桩长满足设计要求。

（3）成孔后应及时浇筑混凝土。

（4）采用中心压灌水泥浆护壁方法，可解决滞水造成的塌孔问题。

2. 孔底虚土

1）现象

成孔后孔底虚土过多，厚度超过 10cm 的情形。

2）原因分析

（1）松散填土或含有大量炉灰、砖头、垃圾等杂物的土层以及流塑淤泥、松散砂、砂卵石、卵石夹层等土中，成孔后或成孔过程中土体容易塌落。

（2）钻杆加工不直或在使用过程中变形，钻杆连接法兰不平，使钻杆拼接后弯曲，使钻杆在钻进过程中产生晃动并造成孔径增大或局部扩大。提钻时，土从叶片和孔壁之间的空隙掉落到孔底。钻头和叶片的螺距或倾角太大，在砂类土中钻孔，提钻时部分土易滑落孔底。

（3）孔口的土没有及时清理干净，甚至在孔口周围堆积有大量钻出的土，钻杆提出孔口后，孔口积土回落；成孔后，孔口盖板没有盖好，或在盖板上有人或车辆行走，孔口土被扰动而掉入孔中。

（4）放混凝土料斗或钢筋笼时，孔口土或孔壁土被碰撞掉入孔内。

（5）成孔后没有及时浇筑混凝土，孔壁暴露时间长，被雨水冲刷及浸泡。水分蒸发，孔壁土塌落。

（6）施工工艺选择不当，钻杆、钻头磨损太大，孔底虚土没有清理干净。

（7）出现上层滞水造成塌孔。

（8）地质资料和必要的水文地质资料不够详细，对季节施工考虑不周。

3）防治措施

（1）在同一孔内采用二次或多次投钻的方法。

（2）用勺钻清理孔底虚土。

（3）孔底虚土是砂或砂卵石时，可先采用孔底灌浆拌和，然后再灌混凝土。

（4）采用孔底压力灌浆法、压力灌混凝土法及孔底夯实法解决。

3. 桩孔倾斜

1）现象

桩孔垂直偏差大于规范要求 1/100。

2）原因分析

（1）地下遇有坚硬大块障碍物，把钻杆挤向一边。

（2）地面不平，桩架导向杆不垂直，稳钻杆时没有稳直。

（3）钻杆不直，尤其是两节钻杆不在同一轴线上，钻头的定位尖与钻杆中心线不在同一轴线上。

3）防治措施

（1）对严重倾斜的钻孔，应用素土填死夯实，然后重新钻孔。

（2）如石头、混凝土等障碍物埋得不深，可提出钻杆，清理完障碍物后再重新钻进。遇到埋得较深的大块障碍物，如不易挖出，可拔出钻杆，在孔内填进砂土或素土，同设计人员协商，改变桩位，避开障碍物再钻。

4. 桩身混凝土质量差

1）现象

桩身表面有蜂窝、孔洞，桩身夹土、分段级配不均匀，浇筑混凝土后桩顶浮浆过多。

2）原因分析

（1）混凝土浇筑时没有按操作工艺边灌边振捣，或只在桩顶部位振捣，导致混凝土不密实，出现蜂窝、孔洞等。

（2）浇筑混凝土时，孔壁受到振动，孔壁土塌落，和混凝土一起落入孔中，造成桩身夹土；放钢筋笼时碰撞孔壁使土掉入孔内，造成桩身夹土。

（3）拌制混凝土的水泥过期，骨料含泥量大或不符合要求，每盘混凝土的搅拌时间或加水量不同，导致混凝土配合比不当，造成坍落度不均匀，和易性不好，混凝土浇筑时有离析现象，使桩身出现分段不均匀的情况。

（4）浇筑混凝土时，孔口未放铁板或漏斗，使孔口浮土混入。

3）防治措施

（1）如情况不严重且单桩承载力不大，可与设计单位协商，采取加大承台梁的办法解决。

（2）按照浇筑混凝土的质量要求，除要做标准养护混凝土试块外，还要在现场做试块，以验证所浇混凝土的质量，并为今后补救措施提供依据。

（3）浇筑混凝土时，应随浇随捣，每次浇灌高度不得超过 1.5m；大直径桩振捣应至少插入 2 个位置，振捣时间不超过 30s。

A.3.6 湿作业成孔灌注桩质量通病与防治

湿作业成孔灌注桩是指采用泥浆或清水护壁排出土成孔的灌注桩。桩长一般为 50m 以上，桩径一般为 400～1200mm，最大可达 2500mm。湿作业成孔灌注桩常见的质量通病有坍孔、钻孔漏浆、缩孔和断桩等。

1. 坍孔

1）现象

在成孔过程中或成孔后，孔壁坍落，造成钢筋笼放不到底，桩底部有很厚的泥夹层。

2）原因分析

（1）泥浆密度不够，起不到可靠的护壁作用。

（2）孔内水头高度不够或孔内出现承压水，降低了静水压力。

（3）护筒埋置太浅，下端孔壁坍落。

（4）在松散砂层中钻进时，进尺速度太快或停在某一处空转时间太长，转速太快等。

（5）冲击（抓）锥或掏渣筒倾倒，撞击孔壁。

（6）用爆破处理孔内孤石、探头石时，炸药量过大，造成很大振动。

（7）勘探孔较少，对地质与水文地质描述不够详细。

3）防治措施

（1）在松散砂土流砂中钻进时，应控制尺寸，选用较大密度、黏度、胶体率的优质泥浆，或投入黏土掺片、卵石，低锤冲进，使黏土膏、片、卵石挤入孔壁。

（2）严格控制冲程高度和炸药用量。

（3）当地下水位变化较大时,应采取升高护筒、增大水头或用虹吸管连接等措施。

2. 钻孔漏浆

1）现象

在成孔过程中或成孔后,泥浆向外漏失。

2）原因分析

（1）遇到透水性强或有地下水流动的土层。

（2）护筒埋设太浅,回填土不密实或护筒接缝不严密,在护筒刃脚或接缝处漏浆。

（3）水头过高使筒壁渗浆。

3）防治措施

（1）加稠泥浆或倒入黏土,慢速转动,或在回填土内掺片石、卵石反复冲击,增强护壁。

（2）在有护筒防护范围内,接缝处可由潜水工用棉絮堵塞,封闭接缝,稳住水头。

（3）在容易产生泥浆渗漏的土层中应采取维持孔壁稳定的措施。

（4）在施工期间护筒内的泥浆应高出地下水位 1.5m 以上,在受水位涨落影响时,泥浆面应高出最高水位 1.5m 以上。

3. 缩孔

1）现象

孔径小于设计值。

2）原因分析

（1）塑性土膨胀,造成缩孔。

（2）选用机具、施工工艺不合理。

3）防治措施

（1）采用上下反复扫孔的办法扩大孔径。

（2）根据不同的土层,选用相应的机械和施工工艺。

（3）成孔后立即验孔,安放钢筋笼,浇筑桩身混凝土。

4. 断桩

1）现象

成桩后桩身中部没有混凝土,夹有泥土。

2）原因分析

（1）混凝土较干,骨料太大或未及时提升导管以及导管位置倾斜等,使导管堵塞,形成桩身混凝土中断。

（2）混凝土搅拌机发生故障,使混凝土不能连续浇筑,中断时间过长。

（3）导管挂住钢筋笼,提升导管时没有扶正,以及钢丝绳受力不均匀等。

3）防治措施

（1）当导管堵塞而混凝土尚未初凝时,可采用如下两种方法解决:第一,用钻机起吊设备吊起一节钢轨或其他重物在导管内冲击,把堵塞的混凝土冲开。第二,迅速提出导管,用高压水冲通导管,重新下隔水球灌注。浇筑时,当隔水球冲出导管后,应将导管继续下降,直到导管不能再插入时,再少许提升导管,继续浇筑混凝土,使新浇筑的混凝土与原浇筑的混凝土结合良好。

（2）当混凝土在地下水位以上中断时，如桩径大于 1m，泥浆护壁较好，可抽掉孔内水，用钢筋笼（网）保护，对原混凝土面进行人工凿毛并清洗钢筋，然后再继续浇筑混凝土。

（3）当混凝土在地下水位以下中断时，可用较原桩径稍小的钻头在原桩位上钻孔，至断桩部位以下适当深度时，重新清孔，在断桩部位增加一节钢筋笼，其下部埋入新钻的孔中，然后继续浇筑混凝土。

（4）当导管接头法兰挂在钢筋笼时，如果钢筋笼埋入混凝土不深，则可提起钢筋笼，转动导管，使导管与钢筋笼脱离。否则，应放弃导管。

习 题 答 案

第 1 章

一、1. A；2. B；3. B；4. D

二、1. 错误。不能传递。

2. 错误。去掉"及其形状"文字。

3. 正确。

4. 错误。仅用于粉土及黏性土分类。

三、1. 解 $e=0.892, n=47, S_r=60.1\%, \rho_d=1.42\text{g/cm}^3, \rho_{\text{sat}}=1.89\text{g/cm}^3$。

2. 解 $e=0.875, \gamma_d=14.35\text{kN/m}^3, \gamma_{\text{sat}}=19.01\text{kN/m}^3, w=32.5\%$。

3. 解 $V=\dfrac{m}{\rho}=\dfrac{1}{1.8}\text{m}^3=0.556\text{m}^3$

$m_s=\rho_d V=1.3\times0.556\text{t}=0.723\text{t}$

$m_w=m-m_s=(1-0.723)\text{t}=0.277\text{t}$

需加水

$(V_v-V_w)\rho_w=(\rho_{\text{sat}}-\rho)V=(2.0-1.8)\times0.556\text{t}=0.111\text{t}$

4. 解 由

$$\rho_{\text{sat}}=\frac{d_s+e}{1+e}\rho_w$$

$$S_r=\frac{wd_s}{e}$$

联立解得

$$e=\frac{\rho_{\text{sat}}}{\rho_w+\dfrac{S_r\rho_w}{w}-\rho_{\text{sat}}}=\frac{1.85}{1+\dfrac{1}{0.370\,4}-1.85}=1$$

$$d_s=\frac{S_r e}{w}=\frac{1}{0.370\,4}=2.7$$

第 2 章

一、1. A；2. A；3. B；4. C

二、1. 错误。均呈线性增加。

2. 错误。改无关为有关。

3. 错误。应为侧向竖向有效自重应力之比。

4. 正确。

三、1. 解 $d=\dfrac{1}{2}\times(1.5+0.9)\text{m}=1.2\text{m}, p=\dfrac{F}{b}+20d=\left(\dfrac{230}{1.5}+20\times1.2\right)\text{kPa}=$

177.3kPa

2. 解　黏土层的有效重度

$$e = \frac{d_s(1+w)\gamma_w}{\gamma} - 1 = \frac{2.71 \times (1+0.2) \times 10}{18.5} - 1 = 0.758$$

$$\gamma' = \frac{(d_s - 1)\gamma_w}{1+e} = \frac{(2.71-1) \times 10}{1-0.758} \text{kN/m}^3 = 9.7 \text{kN/m}^3$$

基底压力

$$p = \frac{F}{A} + 20d - 10w = \left(\frac{1\,000}{5} + 20 \times 1.2 - 10 \times 0.2\right) \text{kPa} = 222 \text{kPa}$$

基底处土的自重应力（从黏土层算起）

$$\sigma_{cd} = (18.5 \times 0.5 + 9.7 \times 0.2) \text{kPa} = 11.2 \text{kPa}$$

基底附加压力

$$p_0 = p - \sigma_{cd} = (222 - 11.2) \text{kPa} = 210.8 \text{kPa}$$

第 3 章

一、1. A；2. A；3. C；4. C

二、1. 错误。透水性越小的土，固结时间越长。

2. 错误。由于是完全侧限条件，故不会产生侧向膨胀。

3. 错误。在外荷载不变的情况下，土中总应力是不变的。

4. 正确。

三、1. 解

$$E_0 = \frac{w(1-\mu^2)bp_1}{s_1} = \frac{0.79 \times (1-0.3^2) \times 0.6 \times 0.18}{0.02} \text{MPa} = 3.88 \text{MPa}$$

2. 解

$$a_{1-2} = \frac{e_1 - e_2}{p_2 - p_1} = \frac{0.932 - 0.885}{0.2 - 0.1} \text{MPa}^{-1} = 0.47 \text{MPa}^{-1}$$

$$E_{s1-2} = \frac{1+e_1}{a_{1-2}} = \frac{1+0.932}{0.47} \text{MPa} = 4.11 \text{MPa}$$

3. 解

$$E_0 = \frac{w(1-\mu^2)bp_1}{s_1} = \frac{0.88 \times (1-0.25^2) \times 0.5 \times 0.15}{0.016} \text{MPa} = 3.87 \text{MPa}$$

第 4 章

一、1. C；2. A；3. A；4. B

二、1. 错误。没有黏聚力。

2. 正确。

3. 正确。

4. 错误。应为 $45° - \dfrac{\varphi}{2}$。

三、1. 解　（1）摩尔圆顶点所代表的平面上的剪应力为最大剪应力，其值为

$$\tau_{max} = \frac{1}{2}(\sigma_1 - \sigma_3) = \frac{1}{2} \times (700 - 200) \text{kPa} = 250 \text{kPa}$$

（2）若某平面与最小主应力面之间夹角为 $30°$，则该平面与最大主应力面的夹角 $\alpha=90°-30°=60°$，该面上的法向应力 σ 和剪应力 τ 按 $\sigma=\frac{1}{2}(\sigma_1+\sigma_3)+\frac{1}{2}(\sigma_1-\sigma_3)\cos2\alpha$，$\tau=\frac{1}{2}(\sigma_1-\sigma_3)\sin2\alpha$ 计算可得：

$$\sigma=\frac{1}{2}\times(700+200)kPa+\frac{1}{2}(700-200)\cos(2\times60°)kPa=325kPa$$

$$\tau=\frac{1}{2}(700-200)\sin(2\times60°)kPa=216.5kPa$$

2. 解　因为

$$c_u=\frac{1}{2}(\sigma_1-\sigma_3)$$

所以 $\sigma_1=2c_u+\sigma_3=(2\times70+150)kPa=290kPa$。

3. 解　由不固结不排水试验，得

$$\frac{1}{2}(\sigma_1'-\sigma_3')=c_u=20kPa \tag{①}$$

由固结不排水试验得

$$\sin\varphi'=\frac{\frac{1}{2}(\sigma_1'-\sigma_3')}{\frac{1}{2}(\sigma_1'+\sigma_3')}=\sin30°=0.5 \tag{②}$$

联立式①、式②可得

$$\sigma_1'=60kPa$$

$$\sigma_3'=20kPa$$

第 6 章

一、1. B；2. C；3. C；4. A

二、1. 自然休止角。

2. 抗滑力矩，滑动力矩。

三、1. 错误。应为压力越大。

2. 正确。

四、1. 解

$$\beta=\arctan\left(\frac{\tan\varphi}{K}\right)=\arctan\frac{\tan30°}{1.2}=25.7°$$

$$K=\frac{\tan\varphi}{\tan\beta}=\frac{\tan30°}{\tan20°}=1.59$$

2. 解

$$K_a=\tan^2\left(45°-\frac{\varphi}{2}\right)=\tan^2\left(45°-\frac{35°}{2}\right)=0.271$$

墙顶处主动土压力强度

$$\sigma_{aA}=qK_a=10\times0.271kPa=2.7kPa$$

其合力

$$E_a = \frac{1}{2}(\sigma_{aA} + \sigma_{aB})H = \frac{1}{2} \times (2.7 + 32.0) \times 6\text{kN/m} = 104.1\text{kN/m}$$

E_a 作用点与墙底的距离

$$y = \frac{2\sigma_{aA} + \sigma_{aB}}{3(\sigma_{aA} + \sigma_{aB})}H = \frac{2 \times 2.7 + 32.0}{3 \times (2.7 + 32.0)} \times 6\text{m} = 2.16\text{m}$$

第 7 章

一、1. D；2. C

二、1. 正确。

2. 正确。

三、解 $\varphi = 35°$时，$N_q = 41.4$，$N_y = 45.4$ 与 $c = 0$ 一并代入公式

$$p_u = 1.2cN_c + qN_q + 0.6\gamma b N_\gamma$$

得

$$p_u = (18.07 \times 1 \times 41.4 + 0.6 \times 18.07 \times 1.2 \times 45.4)\text{kPa} = 1\,339\text{kPa}$$

第 8 章

一、1. A；2. A；3. C；4. A

二、1. 错误。也取决于桩本身的材料强度。

2. 错误。非挤土桩在设置时对土没有排挤作用，桩周土变松，故其桩侧摩擦阻力会有所减小。

3. 正确。

4. 错误。桩距不能太小。太小会使桩基的沉降量增加，承载力降低。

三、

1. 解

$$R_a = q_{pa}Ap + u_p \sum q_{sia} l_i$$

$$R_a = [2\,600 \times 0.35 \times 0.35 + 4 \times 0.35 \times (24 \times 2 + 20 \times 6 + 30 \times 1)]\text{kN}$$

$$= 595.7\text{kN}$$

2. 解

$$Q_k = \frac{F_k + G_k}{n}$$

$$Q_k = \frac{2\,000 + 20 \times 2.5 \times 2.5 \times 1}{4}\text{kN} = 531.3\text{kN} < R_a = 550\text{kN}$$

$$Q_{kmax} = \frac{F_k + G_k}{n} + \frac{M_k X_{max}}{\sum X_j^2}$$

$$= \left(531.3 + \frac{200 \times 0.8}{4 \times 0.8^2}\right)\text{kN}$$

$$= 593.8\text{kN} < 1.2R_a = 660\text{kN}$$

满足要求。

参 考 文 献

[1] 陈希哲.土力学地基基础[M].4 版.北京：清华大学出版社,2004.

[2] 杨小平.土力学及地基基础[M].武汉：武汉大学出版社,2002.

[3] 崔托维奇 Н А.土力学[M].吴光轮,译.北京：地质出版社,1956.

[4] 何世玲.土力学与地基基础[M].北京：化学工业出版社,2006.

[5] 沈克仁.地基与基础[M].北京：中国建筑工业出版社,1995.

[6] 建设部综合勘察研究设计院.岩土工程勘察设计规范：GB 50021—2001[S].2009 年版.北京：中国建筑工业出版社,2009.

[7] 中国建筑科学研究院.建筑结构荷载规范：GB 50009—2001[S].2006 年版.北京：中国建筑工业出版社,2006.

[8] 中国建筑科学研究院.建筑桩基技术规范：JGJ 94—2008[S].北京：中国建筑工业出版社,2008.

[9] 中国建筑科学研究院.混凝土结构设计规范：GB 50010—2010[S].北京：中国建筑工业出版社,2011.

[10] 中国建筑科学研究院.建筑地基处理技术规范：JGJ 79—2002[S].北京：中国建筑工业出版社,2002.

[11] 中国建筑科学研究院.建筑地基基础工程施工验收规范：GB 50202—2002[S].北京：中国建筑工业出版社,2002.

[12] 江见鲸,王元清,龚晓南,等.建筑工程事故分析与处理[M].北京：中国建筑工业出版社,2006.

[13] 彭圣浩.建筑工程质量通病防治手册[M].北京：中国建筑工业出版社,2003.

[14] 罗福午.建筑工程质量缺陷事故分析及处理[M].武汉：武汉理工大学出版社,1999.

[15] 中华人民共和国水利部.土工试验方法标准：GB/T 50123—1999[S].北京：中国计划出版社,1999.

[16] 看图学技术丛书编委会.看图学地基与基础施工技术[M].北京：机械工业出版社,2002.

[17] 中国建筑标准设计研究院.桩基承台：06SG812[S].北京：中国计划出版社,2006.